U0067487

普 天 之 下 · 盡 是 好 書
普天出版家族
Popular Press Family
凌雲文創
A-Plus Creative Company

做人要有心機，做事要有心計

善良的你，應該有點心計

You should have some scheming

金澤南 編著

孟德斯鳩曾說：

「我一直認為，一個人想要獲得成功，就必須表面上忠厚老實，實際上暗留一點心機。」

在這個爾虞我詐的社會裡，當個厚道的老實人固然值得稱許，但是一定要多留幾個心眼，千萬不能忽略人性中的狡猾虛偽、奸詐殘忍、言行不一......等黑暗面。做人做事一定要具備一點心計，方能避開各種陷阱和危機，甚至借力使力，開創自己成功的契機。

想要比別人更快出人頭地，就必須運用一些必要的手段；只要不是心存惡念，有點心計，其實不算卑鄙。

【出版序】

善良的你，應該有點心計

做人不可以沒有心機，也一定要有點心計；在知識經濟的時代，想要比別人快一步成功，做事就要更懂得變通。

詩人白朗寧曾經說過：「一個人成功與否，並不在於如何循規蹈矩，而在於是否能在關鍵時刻用些心機。」

做人做事多一點心眼，才會多一點勝算，不管遭遇什麼事，一定要具備一點心計，方能避開各種陷阱和危機，甚至借力使力，開創自己成功的契機。

一般人之所以失敗，多半是由於心思太過於單純、僵化，不懂得權謀變通。想要在人生戰場獲勝，就要把心機用在最恰當的時機，讓腦袋適時轉個彎。

有個連鎖的補教業，聘請多位老師。這些老師除了指導學生的課業之外，還必須負起招生的責任，因此，老師與老師之間形成一種無形的比賽，誰能留住最多學生，誰就有機會升等、加薪。

到了招生季，所有老師卯起勁猛拉學生。休息時間，B老師突然和A老師攀談起來，說著說著，抱怨起公司，A老師安慰了他，並且告訴他自己的看法。

沒想到，隔了幾天，補習班主任突然將A老師找了過去，並指責他散佈對補習班不利的消息。

這時，A老師才發現，原來B老師將自己安慰他的話加以扭曲，並到處傳播，不但毀損了他的形象，還搶走了他的學生！

馬克．吐溫在已經進入禁止漁獵的季節裡，前去緬因州的森林釣了三個星期的魚，可說是滿載而歸。在回程的火車上，無聊的他和坐在隔壁的陌生人聊天，不斷向陌生人誇耀自己這次的釣魚之行。

起初，陌生人有一句沒一句地應對著，後來愈聽臉色愈不對勁，到最後還板起了臉孔。馬克．吐溫見狀感覺到有些奇怪，便問道：「冒昧請教，您是從事什麼行業的？」

「緬因州的漁獵監督官。」馬克．吐溫一聽差點把含在嘴裡的雪茄嚥下去。那人接著又問：「你是什麼人？」

「天啊！我告訴您實話吧，長官，」馬克．吐溫急忙改口說：「我是全美國最會說謊的人。」

英國大作家狄更斯也有類似的經歷，有一次他在某條河邊釣魚，等到快睡著時，身旁突然來了一個人。

「下午好啊！先生。」那人有禮地問候：「您在釣魚嗎？」

「你也好啊！」狄更斯隨口答道：「可惜釣了老半天，連一條魚也沒釣到。可是我昨天也是在這個地方，釣了十幾條魚啊！」

那人聽完回答後笑了笑，又說：「眞是遺憾啊！先生，您知道我是幹什麼的嗎？」他從口袋掏出一本簿子，「我是專門查辦在這條河上釣魚的人。」說完便提筆打算對狄更斯開罰單。

見到這突發的狀況，狄更斯連忙反問：「那麼，先生，你知道我是做什麼的嗎？」沒等對方回答，又接著說：「我是一個作家，虛構故事就是我的本業。這樣你明白了嗎？剛才的話，完全是虛構的。」

外交家、實業家兼慈善家沃爾夫曾經說過：「一個再沒有心機城府的人，也要懂得如何察言觀色。」

因爲，察言觀色不僅可以讓自己從對方的表情和言行，提早知道對方心中在想什麼，進而預設自己下一步該如何與對方互動，更可以在危急的情況下，避免讓自己陷於更不利的境地。

與陌生人交談時要特別注意談話的內容，尤其是主動攀談、看起來坦率的人，通常是別有目的。馬克・吐溫和狄更斯隨機應變的幽默，讓他們免除了一張罰單，但是，若他們在說話前能夠多一點心機，先考慮到「違法釣魚」的問題，就不會輕易將「違規事件」洩底了。

人生就是戰場，不只是陌生人，就算是交情不錯的朋友，也有可能隨時扯你後腿，誰也不能保證親密夥伴沒有背叛自己的一天。因此，與人坦率相對時也要有所保留，爲了避免被陷害的人際風險，即使是面對再親密的人，也不能毫無保留地掏出所有眞心話。

每個人都應該要保有自己的「秘密」，雖然不用到草木皆兵的地步，但是防人之心不可無。與人相處的時候，多一點保留態度和警戒心，不要輕易說出眞心話，是一種保護自己也保護別人的方式。

做人不可以沒有心機，也一定要有點心計；在知識經濟的時代，想要比別人快一步成功，做事就要更懂得變通。

02. 觀察敏銳，就能擁有智慧

若能對人世間萬事萬物有足夠而且的觀察，我們便能看透人與物的本質，尋得最簡單，也最有效的解決方式。

03.

不知變通，不可能成功

法理之外還得懂得一些人情世故，才能讓制度施行得更順暢。別將自己侷限於「規範」之中，忽視了現實的狀況。

04.

多用腦筋，才不會盲目聽信

倘若無法檢驗訊息的正確與否，就很容易成為有心人的利用對象，千萬別讓自己在無形中成為替他人傳遞不實訊息的信差。

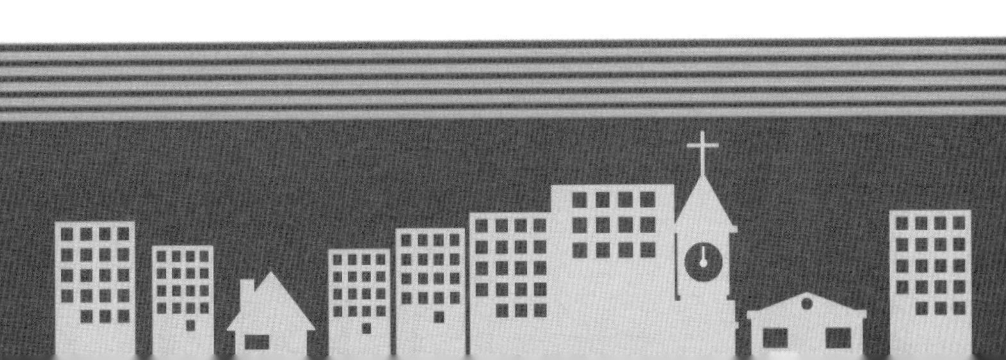

05. 對你好，不一定為你好

這個世界上不求回報的傻瓜並不多，絕大多數對你好的人，都希望可以從你身上獲得一些利益。

06.

工於心計，只是白費心機

我們或許有能力可以影響周圍的人，但是千萬別妄想去左右任何一個人。去推算別人的心思，結果通常都只是白費心思。

07.

要應付變化，也要有長遠計劃

雖說計劃永遠趕不上變化，但是事先多做一點計劃可以讓我們走得比別人更穩更快，也可以讓我們走得更長更久。

08. 累積實力，才能增強競爭力

日新月異的時代，我們需要更敏銳的觀察力，以及不斷充實自己、主動學習的心，才能加強自己的競爭力，持續向前邁進。

09.

別當個墨守成規的笨烏龜

每一條規矩的產生，或多或少都有一些道理。但是在遵循規矩之前，我們應該要先知道箇中的學問。

10. 害怕後悔，只會讓自己更後悔

千萬不要為了怕後悔，而令自己將來更後悔。只要你負擔得起後悔的代價，勇敢冒險一次又如何？

11. 不要為了形象而裝模作樣

為了避免鬧出笑話，甚至造成難以彌補的錯誤，碰到疑惑時，一定要硬著頭皮提出來，別再不懂裝懂了。

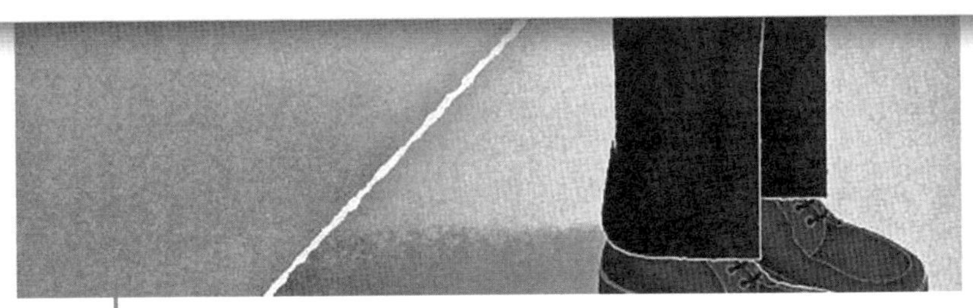

1

PART

從蛛絲馬跡看出成功的契機

未來的機會在哪裡？相信我們的身邊一定早有許多的蛛絲馬跡，只要我們能仔細留心，一定能做出最佳的抉擇。

先尊重對方的想法，彼此才能對話

要別人尊重自己，自己必須先表現出對對方的尊重。因為我們不能一味地只想要去改變別人，我們唯一能改變的只有自己。

俗話說：「人要衣裝，佛要金裝」。這句話雖然聽起來俗氣，但在現實的人際互動中，確實是有它的道理存在。

這不是在爲現代人的「以貌取人」或「勢利眼」做辯護，而是在提醒我們，若要他人以尊重的眼光看待，自己就必須儘量爭取這種尊重。

因爲，我們不能一味地只想要去改變別人，指責別人的想法是錯的、是過時守舊的，我們唯一能改變的只有自己。

香港富商曾憲梓發跡之前，曾有一次背著一箱領帶到一家外國商人的服裝店推銷。服裝店老闆打量了一下他的寒酸相，毫不客氣地要他馬上離開。

曾憲梓快快不樂回家後，認眞地反省了一夜。

第二天早上，他穿著筆挺的西裝，又來到了那家服裝店，畢恭畢敬地對老闆說：「昨天冒犯了您，很對不起，今天能不能賞個光，與我一起吃早茶？」

服裝店老闆看了看這位衣著講究、說話禮貌的年輕人，頓時心生好感。

兩人邊喝茶邊聊天，越談越投機。喝完茶後，老闆問曾憲梓：「你昨天打算帶來推銷的領帶呢？」

曾憲梓說：「今天是專門來道歉的，不談生意。」

那位老闆終於被他的眞誠感動，敬佩之心油然而生，誠懇地說：「明天你把領帶拿來，我幫你銷售。」

從此以後，這位老闆和曾憲梓成了好朋友，兩人眞誠的合作，促進了後來金利來事業的發展。

現代的年輕人常常興之所至，一切照著自己的規則與步調來，爲了突顯自己的「個性」或「主體性」，將社會的一般規範視若無物。

這樣子的行爲，在互動單純的校園裡可能還不會遇到很大的問題，但是出了社會之後，便容易與其他人的價值觀產生衝撞。

相對的，不論彼此的想法有多麼大的差距，由曾憲梓的故事我們可以掌握到一個原則：要別人尊重自己，自己必須先尊重人，先表現出對對方的尊重。

這個道理很淺顯易懂，但是卻有太多人無法做到。當然，衣服只是表面，但從細節之中就可以看出你對對方是不是尊重，是不是認同他的價值觀。先試著尊重對方的想法，唯有如此，雙方才有開始對話的可能性，不是嗎？

遇到困境，要懂得反其道而行

人性的奇妙之處在於，自動送上門來的未必想要，但對他人極力保護不願曝光的「秘密」則充滿了好奇。

俄國諷刺作家契訶夫曾經如此說：「路是人走出來的，為了多闢幾條路，必須往沒人的地方去。」

人生中充滿難解的問題和考驗，若你總是以固定的方法解題，不僅苦思不出答案，更會深陷在泥濘裡難以抽身。

試著拐個彎、繞點路吧！

「反其道而行」也許更能走到終點呢！

十七世紀中葉，馬鈴薯種植還沒有在法國得到推廣。當時，人們對這種現在早已極爲普通的食物懷有很強的戒心，甚至將它稱爲「魔鬼蘋果」，而且醫生們非常固執地認爲這種東西對人體健康十分有害；當地的農民也認爲種植這種東西，會使他們的土壤變得非常貧瘠。

後來，法國有一位著名的農學家安瑞・帕爾曼奇去了美洲，品嚐了炸馬鈴薯片以後，讚不絕口，於是決心在自己的國家裡推廣馬鈴薯種植。但是，他花了很長的時間，卻無法說服自己家鄉的任何人。

有一天，帕爾曼奇先生有幸見到了國王，趁機向國王要一塊土質很差的荒地。國王問他要這樣的土地有什麼用處，他說：「我用來做試驗。」

回來以後，他就在這塊實驗田裡栽培了馬鈴薯。爲了能使馬鈴薯更快被擺上人們的餐桌，他又使出了一個小小的花招。

他再一次來到王宮，向國王提出了一個請求：「尊敬的陛下，我在那塊土地上

已經種下了『魔鬼蘋果』，這只是爲了進行實驗；不過，爲了防止別人來偷竊，萬一吃下去引起不良後果就不好了，所以我懇請陛下派一支衛隊去守護。」國王本來就很欣賞和信任帕爾曼奇，就立即答應了。

帕爾曼奇在這塊實驗田裡種了馬鈴薯，每天都有全副武裝的衛隊站在地邊看守。這種異常的舉動，立即引起了附近民眾強烈的好奇心，大家都想知道那塊土地上究竟種的是什麼。

白天，衛士們站在那裡看守，人們無法接近，但當夜晚降臨時，一些膽大的鄉民就千方百計地潛入到這塊地裡偷竊馬鈴薯。然後，他們就將這些神秘的農作物種在自己的園子裡，想看一看究竟是什麼東西。

就這樣，馬鈴薯的種植逐漸地蔓延開來，最後終於走進了家家戶戶，走到了法國民眾的餐桌上。

安瑞．帕爾曼奇決定推廣馬鈴薯之時，因爲當地的民眾與醫生的錯誤觀念，使

得他的努力一直沒有辦法得到肯定，人民的接受度很低。

於是，他換了一個方法，利用人人都有的好奇心，故意把要推廣給大家的東西藏匿起來，還派出重兵看守。故弄玄虛的方式使得附近的鄉民們一傳十、十傳百地猜測這神秘的園子裡種的是什麼好東西。

帕爾曼奇的高明之處就在於遇到阻礙之時採取「反其道而行」的方法，人性的奇妙之處也在於此，自動送上門來的未必想要，但對他人極力保護不願曝光的「秘密」則充滿了好奇。

我們可以學學帕爾曼奇這洞悉人性的一招，同時也該想想，對於面前的好東西是否我們都視而不見，反而去留意那些一無所知的謎題？

謹言慎行才不會陷入險境

這個世界上，總是有太多「想太多」的人存在，即使是小小的無心之過，也會為自己帶來麻煩。

法國文豪雨果曾說：「謹慎是智慧的長子。」

我們應該注意到，一個謹慎的人不會故意將自己推入危險的處境中，不會過度誇耀自己，總是能適如其分地表現出應有的言行，並且在險惡環境中展現出明哲保身的智慧。

據說，明太祖朱元璋有一天心血來潮，想在大殿的牆壁上畫一幅「天下山河

圖」，如此不但壯麗美觀，並可趁機將自己的功蹟昭告世人。

隨即，朱元璋召來畫師周玄素，委以重任。

周玄素深感責任重大，又知道朱元璋生性多疑，稍有不慎，恐怕性命難保。於是，他稍做思考，便向前拜倒說：「啓稟皇上，臣尚未走遍天下，見識淺陋，不敢枉作此圖，還請陛下先畫一個初稿，我再斗膽潤色。」

朱元璋一聽有理，於是提筆畫了一個初稿，畫完了便命周玄素潤色。

周玄素說：「陛下定的江山，臣豈敢隨便更改？」

朱元璋一聽，心想：「江山是我打下的，山河當然由我定，哪能由人隨便更改？」於是一笑了之。

朱元璋的個性向來陰晴不定，而且疑心病非常重，在他身邊的人不可能不知道這一點；他一時興起將此事委託於周玄素，難保過幾天不聽信讒言，認爲周玄素妄作天下山河圖，分明是自己想當皇帝。如此一來，周玄素就算有一百顆腦袋也不夠

砍！

因此，我們可以說，周玄素以謹慎與智慧，在那個只要一個應對出了差錯就可能慘遭殺身之禍的年代，爲自己保住了一條性命。

同樣的，身處複雜社會的我們，也要時時提醒自己「謹慎」這兩個字，隨時留意自己是不是處於類似的情境中？雖然言者無心，但是誰能保證聽者會不會有另一番充滿猜疑的解讀？

要知道，這個世界上，總是有太多「想太多」的人存在，我們若不小心留意，一個無心之過，可能就會爲自己帶來無窮的麻煩。

如果可以的話，也要儘量避免一些容易引起誤會或敵意的行爲，才能夠在複雜的人際脈絡中全身而退。

值得信賴，就不會遭遇太多阻礙

「誠信」是最為珍貴的特質與資產。我們一旦給予人「不值得信任」的印象，想要加以扭轉就很難了。

在這個世界上，有許多東西可以用金錢買到，例如，車子、房子、衣服、食物，甚至是他人羨慕的眼光、舒適與安逸的生活環境……等。

正因為如此，我們常常會用金錢去衡量一切，用金錢評估事物的價值，為所有的東西貼上標價。

如果真的一切事物都能用金錢來判斷的話，或許我們應該問問那些精於算計、錙銖必較的商人：「誠信」應該價值多少？

戰國時期，衛國有一個沒落貴族，聽說秦孝公廣納賢才，於是千里迢迢來到秦國，向秦孝公遊說自己的富國強兵之道。秦孝公很贊同這位才士的觀點，於是便任用他來實行變法。

這個人就是歷史上赫赫有名的商鞅。但一個外來的沒落貴族要推行變法，必然會觸及到秦國貴族們的既得利益，果然，秦國的貴族群起反對。

商鞅意識到，自己變法能否成功，有一個重要的關鍵，就是「信」字。

何謂「信」呢？就是建立自己的威信和獲得人民的信任，但這種資源他沒有，也無法從別人那裡借到。他必須自己創造信譽，這將是他變法的過程中最重要的一項資源。

他命人在咸陽南門外立起一根三丈高的木柱，然後張貼告示，寫著誰能將這根木柱搬到北門外，賞黃金十鎰。

告示一出，圍觀者衆，但沒有一個人去搬木柱，一來因爲大家不知道商鞅葫蘆裡賣的是什麼藥，二來根本就沒有人相信天下會有這等好事——搬動區區一根木杜，就能獲得賞金十鎰，騙三歲小孩子還差不多！

過了幾天，商鞅見沒有動靜，於是又張貼出新的告示，將賞金增加到五十鎰黃金之多。這下子，老百姓更加懷疑了，紛紛說：「賞十鎰黃金已經是天上掉餡餅，賞到五十鎰根本就像天上掉月亮一樣不可能。」

但三天後，還是有一個人抱著姑且一試的心態，把那根木杜輕輕鬆鬆地搬到了北門外。商鞅立即召見扛杜人：「正如告示所言，五十鎰賞金歸你了。」

扛杜人喜不自勝，在衆人羨慕的眼光中，將五十鎰黃金抱了回家，這件事立刻轟動全國，爲商鞅樹立了令出必行的良好形象。

商鞅趁機發佈變法令，得到很多人的擁護，最後獲得了成功，秦國因而迅速強大，奠立了一統中國的基礎。

商鞅爲了爭取人民對他的信賴，以及賴以施行變法的威信，花五十鎰黃金請人

搬柱子，這項舉動在旁人看來雖然不可思議，但從成本效益來看，其實是非常划得來的一個「示範投資」。

「誠信」是一個人乃至一個團體或組織領導階層最為珍貴的特質與資產。一個人只要有信用，在交友與工作上便會得到許多的尊重與信任；而一個團體的領導階層若能讓人信賴，那麼無論在施行政策、資金調度或是溝通協商方面，都能排除掉許多因為「不信任」而衍生的障礙。商鞅的變法能夠成功，人民與行政階層對他的信賴都是非常重要的因素。

「信」這個字，有著千金難換的價值。我們一旦給予人「不值得信任」的印象，想要加以扭轉就很難了，即使花上比以往更多倍的努力，也未必能得到成效。因此，對於自己的信譽要特別加以注意，千萬不要以為別人不會在意你一兩次的失信或不遵守諾言的表現，而失去了這個千金不換的寶貴特質。

事情沒有好壞，關鍵在於心態

接踵而來的困境，可能是雪上加霜的危難，也有可能是我們的轉機，端看我們自己抱持的態度而定！

激勵大師戴爾．卡耐基層說：「人在身處逆境時，適應環境的能力實在驚人。人可以忍受不幸，也可以戰勝不幸。」

這是因爲人有著驚人的潛力和未用的智力，只有遭遇最艱困危險的時候，才會由體內和腦內爆發出來，從一隻病貓變成一頭猛虎。

你是否常常覺得，錦上添花的事不常有，但是倒楣與不順遂卻常常接二連三地降臨到自己頭上？

不過，即使在最低潮、最黑暗，困難與打擊接踵而至的情況下，應該換一個角度來看，眼前的這些困境，會不會也能轉變爲另一個轉機呢？

一九五五年，在日本東京都中野區，住著一個窮困潦倒的知識分子田中正一。他沒有正當的職業，一文不名，整天關著門在家裡研製一種「鐵酸鹽磁鐵」，經常被鄰居看成是怪人。

當時，田中正一不但窮困，還患上了神經痛的毛病，怎麼治也治不好。貧窮加上病痛，換做是一般人，早就意志消沉了。

但是，他沒有被困境打倒，每逢星期四，他仍舊帶著許多製好的磁石，到大井都工業試驗所去測試。

時間一長，田中正一偶然發現，每逢星期四他的神經痛就會得到緩解。

田中正一是一個探求心很強的人，對這種現象感到十分好奇，於是就找來一條橡皮條，在上面均勻地黏上五粒小磁石，貼在自己的手腕上做試驗。

很快地，他發現這個小東西對治療神經痛很有效，便立即申請了專利。

他認為，將磁石的南極、北極相互交錯排列，讓磁力線在人體上發生作用，由於人體內有縱橫交錯的血管，血液流過磁場時，便能產生出微電流，正是這種微電流達到治病強身的效果。

取得專利權後，田中正一又進一步對產品進行改良，模仿錶帶的式樣，製造四周鑲有六粒小磁石的磁療帶，在市場上推出。

產品上市之後，果然在全日本出現了人人爭購的熱潮。他的工廠即使每天輪三個班次來生產磁療帶，也同樣供不應求。在銷售最好的時期，僅僅一周銷售額就達兩億日元。

就這樣，轉眼之間，一個貧病交織的窮漢變成了大富翁。

田中正一能夠從窮困的環境翻身的關鍵，在於他的研究熱忱，以及即使在病痛中仍不放棄的堅持。

對他來說，患這神經痛的毛病或許不是一種折磨，而是讓他將自己對磁石的研究開花結果的轉機！

世事難料，每個人生命中的種種遭遇沒有絕對的好與壞，關鍵在於心態。

就如田中正一在窮困中竟又患上了神經痛的病症，對一般人來說是「禍不單行」的困境，但他卻反而在這種情況下發現了磁石的妙用，不但擺脫了病痛，更進一步利用這個發現，開發了具有醫療作用的磁療帶，賺了一筆大錢。

接踵而來的困境，可能是雪上加霜的危難，但也有可能是我們的轉機，端看我們自己抱持的態度而定！

從蛛絲馬跡看出成功的契機

未來的機會在哪裡？相信我們的身邊一定早有許多的蛛絲馬跡，只要我們能仔細留心，一定能做出最佳的抉擇。

不論是做生意或是做生涯規劃，需要的是具前瞻性的眼光與靈活的頭腦，不但要能看到眼前，更要能看清未來的良機何在。

成功不是大公司、大財團的專利，也不需要龐大或詳盡的研究報告，有的時候，只要能比他人更快掌握住未來的脈動，率先行動，就能獲得成功。

日本尼西公司在數十年前只是一個僅有三十多人的小公司，靠著生產雨衣在競

爭激烈的環境中生存。後來因爲產品滯銷，公司準備轉型。

就在這個時候，公司董事長多州博偶爾間看到一份人口普查資料，得知日本的人口成長率逐年增高，預估在下一個年度，就會有兩百五十萬個新生兒出生。不僅如此，就全世界的趨勢而言，每年的新生兒出生率也不斷上升。

他忽然靈機一動，心想光是在日本國內，只要每一個嬰兒一年用兩條尿布，那麼一年至少就需要五百萬條，更何況實際情形遠遠超過估算，如果再銷往國外，市場就更加廣闊了。

於是，他果斷地決定，將公司轉型爲專門生產尿布。

結果，只花了幾年工夫，該公司生產的尿布就以高品質佔領了日本市場，並佔世界銷售總量的百分之三十。

多州博由此成爲世界著名的「尿布大王」。

多州博能將原本生產滯銷雨衣的公司一舉轉變成雄霸日本市場，甚至跨國性的

企業，當初決定轉做尿布的這一著棋是非常關鍵的；他的頭腦動得很快，在看到人口普查報告的時候便馬上看見了其中無限的商機，轉而生產每個嬰兒都一定要用的產品。

尿布也許不是什麼高級商品，但卻是每個新生兒必備的消耗品，想必當時一定有許多人爲了不方便使用的尿布而感到困擾。就是因爲這樣，產品的品質如何便成了勝敗的關鍵。

在那個年代，多州博就能專心致力於這項當時還沒有人認眞研究過的商品，並製造出高品質的成品，一舉受到消費者的肯定，無疑是思考致勝的結果。

就思考層面而言，多州博具備前瞻性的眼光，讓他得以從一份人口普查資料便看到了未來的需求，做出正確的決定；就技術層面而言，因爲專心在產品下功夫，尼西公司的尿布更從此受到消費者的肯定。

未來的機會在哪裡？相信我們的身邊一定早有許多的蛛絲馬跡，只要我們能仔細留心，一定能做出最佳的抉擇。

不改變心態，勢必遭到淘汰

領導人理應促進整體的利益與進步，當目標無利於實際的團體利益時，身為領導者勢必遭到淘汰，付出慘痛代價。

有些人天生喜歡大排場、大氣派，不論什麼事情都要搞得十分盛大，不達目的絕不罷休。如果讓這樣子的人做自己的上司，屬下可能會受不了；萬一這樣子的人做了領導者，大權在握，常常會造成無可彌補的禍事。

不要以為這不過是個小小的「缺點」，當一個人掌握權柄，隨心所欲地將下屬或人民的勞力與血汗，耗費在沒有實際效用的「排場」與「門面」的時候，對整個團體或組織一定會造成非常大的傷害。

越王勾踐被吳王夫差打敗，回到國內以後，不甘心失敗所帶來的屈辱，始終想著如何對付吳王。

勾踐身邊有一個良臣名叫文種，認爲弱小的國家要想打敗強國，硬攻是不可行的，因而建議勾踐採取投其所好的策略，並且提出了「七術」，其中包括美人計和選良材、巧匠，誘使夫差建造宮殿。

勾踐親自深入民間，挑選出了一批美人，然後派人將他們送給了吳王。其中有兩個絕色美人西施和鄭旦深得吳王寵愛。

兩位美人肩負復國重任，極盡媚惑之能事，玩弄吳王於股掌之間。不久，吳王爲了討兩位美人的歡心，便讓手下的官員爲他準備材料，要爲西施和鄭旦建造長樂宮和姑蘇台。

文種得到這一消息後，認爲是一個極好的機會，立即向勾踐獻計說：「夫差準備建造長樂宮和姑蘇台，一定需要大量的上好木材，我們可以從國內挑選最好的木材獻給他，我猜想他一定會接受。」

勾踐採納了這個計策，派出木工數千人到各地去尋找特大的木材。木工們跋山涉水，花了近一年的時間，終於發現了一棵粗二十尺、高四百尺的大樹，立即報告勾踐。

勾踐隨即親自前往，擺下祭壇，一番祭祀之後，才將大樹砍伐。又讓木匠們精心雕刻，還在上面繪製了五彩龍紋，然後派文種專程送往吳國。

吳王從來沒有見過這麼大的木材，也沒見過如此精美的製作，高興得眉開眼笑、手舞足蹈，當場決定用它來建造供他和美人玩樂的姑蘇台。

後來，吳王夫差在國內大興土木，還招來成千上萬的百姓日夜勞作，動用了大量的國家資產，致使國庫空虛民不聊生，終於引發了民眾的強烈不滿。

勾踐十年臥薪嚐膽，最後終於戰勝了強大的吳國。

文種顯然非常了解吳王好大喜功、不體民情的性格缺點，因此送給吳王良木、

美女與巧匠，就是打算讓他大興土木、耗費國力，以招來民怨。

當領導者將團體或組織的資源與人力消耗在個人喜好上面的時候，必定會受到被管理者的指責。

這是因爲領導人理應促進整體的利益與進步，當「好大喜功」的目標無利於實際的團體利益時，身爲領導者便應該思考：「我這樣做應該嗎？這是爲了我自己的喜好，還是爲了大家著想？」

如果領導人沒有辦法反省這一點，在這個講求自由競爭的民主時代，勢必遭到淘汰，付出慘痛代價的速度將比過去的威權時代更爲迅速。因此，大權在握的時候，特別需要深思！

不要輕忽微小的力量

猛虎難敵猴群，同樣的，獅子再凶猛再強壯，遇上了幾千隻、幾萬隻螞蟻群起攻擊，也會在幾小時內成為一堆白骨。

人類有種天生的本能，就是對於強大者充滿憧憬，並多加注視。因此，我們從小就會問父母什麼是世界上最大的動物，什麼是叢林中最強的野獸，是獅子比較厲害還是老虎。

正因爲這個特性，讓我們的眼光從來就只會在那些強權與霸者的身上停留，不論是爲他們謳歌或是向他們反抗，其中釋放出的戲劇性能量，總是緊緊地抓住了我們的眼光。

然而，我們都忘了，在這個世界上，還有另外一種更爲決定性的力量。

康熙皇帝即位時才八歲，按照當時的規矩，皇帝年幼，由顧命大臣輔政。順治皇帝臨終時指定的四個輔助小皇帝的顧命大臣之中，鰲拜最爲專權，根本不把康熙放在眼裡，貪贓枉法，自行其事。

康熙五歲就會寫詩，才幹出衆。他感覺鰲拜處處與自己作對，是個心腹大患，於是及早做了準備，把一些滿洲貴族的子弟召來宮中練習武藝，並把他們收編爲自己的親信侍衛。

鰲拜看見康熙和一些孩子們在玩摔角的遊戲，並不覺得對自己有何威脅，反而認爲康熙胸無大志，只知玩耍，便放鬆了警惕。

某次鰲拜稱病，好久不來上朝，康熙探病回宮後，就把那幫孩子找來，對他們說：「大清朝已處在危急關頭，你們聽我的，還是聽鰲拜的？」

那些孩子們平時都受到皇帝的優厚對待，自然願意聽皇上的，於是，康熙設下了一個局，準備擒殺鰲拜。

康熙將鰲拜召進宮來，鰲拜不知是計，便大搖大擺地來見皇上。康熙命令那些孩子們玩摔角遊戲給鰲拜看。

孩子們玩著玩著，一個個跌打翻滾到了鰲拜身前，這個抱腿，那個抓頭，頓時將鰲拜掀翻在地。

但鰲拜倒也不是省油的燈，號稱「滿洲第一勇士」的他力大無窮，心想：「嘿！這些小鬼眞是自不量力，以爲只要幾個人來，就能勝過我？」

鰲拜猛一掙扎，那些孩子都被他絆落在地，但這些孩子們都忠於康熙，儘管敵不過鰲拜，仍死命糾纏住他不放，一個孩子的力氣小，但是五個、十個……大廳中所有的孩子都奮不顧身地往鰲拜身上撲過去。

正在危急關頭，康熙拿出藏匿在袖中的匕首，一刀刺進鰲拜的胸中。

就這樣，康熙與他手下的孩子們，以團體的力量制服了滿洲第一勇士鰲拜，後來康熙又一一翦除鰲拜的黨羽，自己親政。

康熙文能治國，武能安邦，平息三藩叛亂，威震華夏，在位六十年，是中國歷史上最成功的帝王之一。

康熙機關算盡扳倒鰲拜的例子提醒我們，做人做事心中一定要有些算計。要是沒有心機，不知看時機調整行事方向，就是一個被人玩弄於股掌之中的蠢蛋，只會讓自己的人生頻頻「當機」。

鰲拜雖然勇猛雄霸天下，但最後卻栽在一群孩子的手裡！這就是他失敗的原因：對於微小力量過分輕視。

猛虎難敵猴群，同樣的，獅子再凶猛再強壯，遇上了幾千隻、幾萬隻螞蟻群起攻擊，也會在幾小時內成爲一堆白骨。

不要看輕那些微弱的力量，要知道，一根筷子或者很容易折斷，但只要團結在一起，任誰都無法加以抵擋。

2
PART

觀察敏銳，就能擁有智慧

若能對人世間萬事萬物有足夠而且的觀察，我們便能看透人與物的本質，尋得最簡單，也最有效的解決方式。

猛拍馬屁，一定懷有目的

事實上，更應該小心那些笑裡藏刀、專拍自己馬屁的「好人」，因為他們才是會對你造成更大傷害的「小人」。

俄國作家克雷洛夫曾說：「關於阿諛拍馬的卑鄙和惡，不知道告誡過人們多少遍，然而沒有用處，拍馬屁的人總會在你的心裡找到空位。」

因此，當你遇到猛拍自己馬屁的人，就別太意外、太見怪，因爲，如果沒有得到你的「默許」，別人又怎能拍得到你的「馬屁」，進而在你疏於提防時對你造成傷害呢？

千萬要記住：猛拍馬屁，一定懷有不可告人的目的。

一名農夫駕車行駛在路上，不巧和一名律師的汽車相撞。

律師下車巡視災情後，高傲地遞了張自己的名片給農夫，臉上清楚寫著：「我是律師，擅長打官司，你是贏不了我的！」

農夫恭恭敬敬地收下律師的名片之後，趕緊從自己的後車廂中拿出一瓶威士忌，諂媚地對律師說：「大律師，車子壞了不要緊，幸好我們兩個都沒事，這眞是不幸中的大幸啊！我看你好像受了不小的驚嚇，喝一口酒吧！酒可以定定神的。」

律師於是便喝了一小口。

「咦？你的臉色還是很蒼白呢，剛才一定嚇到了吧！」農夫說：「再多喝幾口壓壓驚吧！」

律師在農夫勸說之下又喝了五、六口。後來，律師回過神來，想到該有的禮貌，也客氣地對農夫說：「不要光是我喝，你也喝幾口吧！」

「不，」農夫一臉堅決地說：「我不喝，我在等交通警察來。」

有個人總是和你作對，你該不該默默忍受？

有個人老愛找你的碴，你要如何才能還以顏色？諜對諜，耗費心力；硬碰硬，兩敗俱傷；只有以柔克剛，你才能全身而退。

看見一名彪型大漢走過來，一般人的反應都是戒愼恐懼，但是當一名纖纖女子笑臉迎人地靠近你時，誰又會想到她的心裡是否暗藏玄機呢？沒錯，這就是「以柔克剛」的妙用了。

很多時候，虛張聲勢、輸人不輸陣或許眞有增強自信的效果，但有更多時候，懂得放下身段、表現出柔軟的一面，反而更能攻其不備。

相對的，並不是目露兇光的才叫壞人，並不是雙手握拳的才會威脅到你，事實上，反而更應該小心那些笑裡藏刀、專拍自己馬屁的「好人」，因爲他們才是會對你造成更大傷害的「小人」。

別人的好心，有時是包藏禍心

在高度競爭的時代，必須提防別人的惡性競爭，不論做什麼事情，都要有掌握正確資訊和運籌帷幄的能力。

日本心理學作家邑井操在《決斷力》一書中寫道：「一個成功者之所以與一般人不同，就在於他能夠在勝負未分之前，對自己的應變能力充滿信心，然後去謀取獲得勝利的條件。」

的確如此，成功者之所以能夠成功，關鍵就在於競爭過程中，懂得掌握最新最快的情報，然後設法為自己製造最有利的條件，不動聲色地排除那些潛藏在暗處的威脅。

至於失敗者之所以失敗，往往就是引用錯誤的情報錯估形勢，或者昧於知人，喜孜孜地把別人包藏禍心的建議，當成對自己有利的忠言，事前既不查證，事後又對自己的失敗感到莫名其妙。

李林甫是唐玄宗的宰相，也是以口蜜腹劍「名垂青史」的陰謀家。

他有一個心腹大患名叫嚴挺之，由於觸怒唐玄宗而被貶黜到地方任職，但是李林甫仍時存戒心，對他處處提防。

果然，有一天，唐玄宗突然想起嚴挺之，想召他回京師任職，便信口問李林甫說：「嚴挺之現在被貶到哪兒？過幾天把他調回京城吧！」

當天，李林甫退朝後，立刻擺駕前往嚴府，笑嘻嘻地對嚴挺之的弟弟說：「我是特地來報喜訊的，陛下對令兄的現況相當關心，想把他召回京師，但是，又拉不下面子，你不妨通知令兄，讓他向皇上聲稱自己中風，奏請回京療養，讓皇上有個台階可下……」

嚴挺之接到弟弟的書信，不禁喜上眉梢，即刻派專人呈遞奏文，請求唐玄宗調

他回京。唐玄宗接到奏文之後，隨即詢問李林甫應當如何處理，李林甫當下擺出一副忠厚老實的模樣，恭恭敬敬地回答說：「嚴挺之已經年紀老邁，而且中了風，念在他以前的功績，敬請陛下恩賜，把他調回京師擔任閒職，讓他專心養病。」

唐玄宗聽到李林甫這番為嚴挺之「設想」的說詞，不疑其中有詐，直誇讚他：「你真是體恤嚴挺之啊！」

美國有句俗諺說：「甜言蜜語是射向心臟的箭。」

李林甫的奸詐手段，幾乎已經到達爐火純青的境界。

看完這則故事，我們不難理解，李林甫可以在唐玄宗時代獨攬大權，屢次鬥倒政敵，其實不是偶然。

當他從言談之中聽出唐玄宗有意再起用嚴挺之的訊息，便開始構思如何保護自己的地位，當下拿出看家本領，施用巧計，既把政敵嚴挺之東山再起的機會消滅於無形，又讓唐玄宗以為他「宰相肚裡能撐船」，真不愧是口蜜腹劍的厚黑高手。

嚴挺之被李林甫耍得團團轉的例子，並不是古代資訊不發達的社會才有，事實上在現代高科技社會中也屢見不鮮。

這些受騙上當的人的慘痛教訓，無疑提醒我們，在高度競爭的時代，必須提防別人的惡性競爭，不論做什麼事情，都要有掌握正確資訊和運籌帷幄的能力，才能先下手爲強。

誠實，有時候只是一種騙術

面對顯而易見的騙局，我們通常都能輕易地識破。但是，一旦你自認遠比別人聰明而得意忘形時，你就會墜入另一個圈套之中。

荷蘭思想家史賓諾莎說：「誠實的人向來討厭虛偽，而虛偽的人卻常常以誠實的面目出現。」

確實如此，誠實有時候只是虛僞的另一種寫法。

當別人有心存心要欺騙你的時候，你一定要提高警覺，因爲，這時候他們往往以誠實、謙卑的面貌出現，然後使用巧妙的伎倆遂行騙術，讓你被騙了還渾然不自知。

古時候，有一個文人叫朱古民，以行事機智幽默聞名。

有一年冬天，他到一位湯姓文人家中拜訪，兩人坐在火爐前天南地北地閒聊。聊著聊著，湯姓文人嫉妒朱古民享有盛名，不以爲然地說：「別人常常誇獎你聰明機智，我偏偏不信我的才華智慧會輸給你，這樣子吧，我坐在屋內，如果你有辦法把我騙到屋外去，我就甘拜下風。」

朱古民想了一下，面有難色地回答說：「老兄，這未免太困難了吧！屋外颳風下雪，天氣那麼寒冷，而且你心裡已經打定主意不讓我騙，就算我用盡各種法子，你也必定不肯走出屋外。不如這樣，我們換種比較容易的方式，你先到屋外，我用室內的溫暖來引誘你，這樣子，你一定很快就會被我騙進來。」

湯姓文人聽後，不疑有詐，笑著說：「哼，你想騙我，哪有這麼簡單?!我就走到屋外，看你有什麼本事騙我進來！」

湯姓文人隨即得意洋洋地走到屋外，然後對屋內的朱古民高聲喊道：「喂，我已經到屋外了，你現在趕快騙我到屋內吧！」

朱古民看了湯姓文人在風雪中凍得發抖的模樣，拍手笑道：「湯兄，我何必再騙你呢？我早已經把你騙到屋外了。」

話說得越悅耳動聽、越合情合理，越必須反覆斟酌其中是否有詐。

因爲，語言只不過是一種工具，有時用來表達眞實意見，有時用來隱藏見不得人的心思，要是不細心推敲，就容易被表面現象欺騙。

面對顯而易見的騙局，我們通常都能輕易地識破。但是，人性是狡詐的，一旦你掉以輕心，自認遠比別人聰明而得意忘形時，你就會墜入另一個圈套之中，正像故事中的湯姓文人，自己都已經被騙到屋外了，卻渾然不知，還高聲喊著要別人把他騙到屋內。

觀察敏銳，就能擁有智慧

若能對人世間萬事萬物有足夠而且的觀察，我們便能看透人與物的本質，尋得最簡單，也最有效的解決方式。

法國大文豪羅曼羅蘭曾說：「智慧，是照明我們黑夜的唯一光亮。」不論我們過著安定的生活，或是身在危險的處境裡，智慧都能讓我們趨吉避凶，受用無窮。

唐太宗李世民是中國歷史上的一代明君，早在他年輕的時候，就表現出解決問題的過人智慧。

隋煬帝手下一個奸臣與李淵不合，想害死李淵，於是向隋煬帝提議讓李淵在百日之內爲皇帝修建一座頗具規模的宮殿，若到時不能修好就處死李淵。

百日之內怎麼修得好一座宮殿呢？李淵明知是奸臣想藉此加害自己，可是又不敢抗旨，只能枯坐嘆息。

但他的兒子李世民卻極爲沉著地說：「這問題看起來很難辦到，但並非做不到。大宮殿無法及時完成，我們就修小宮殿，只要宮殿的格局合了皇上的心意就行。時間緊迫，我們就重金招聘能工巧匠，讓他們想辦法解決。」

李淵依計而行，不僅張貼告示，而且派人四處尋訪。能工巧匠趨之若鶩，紛紛獻計獻策，巧施本領。果然，李淵不到百日就造好了宮殿，宮殿雖然不大，但精緻堂皇，很符合隋煬帝的意。

但不久後奸臣又進讒言，指稱百日之內不可能修好這座宮殿，這肯定是李淵早就造好了準備自用的。

私造宮殿是謀反之罪，昏庸殘暴的隋煬帝大怒之下，便準備將李淵處死。

這時，李世民向隋煬帝稟告：「這座宮殿確實是百日之內造成的，請陛下派人檢查，如果是早修好的，釘子會生銹，瓦上會生霉斑，但新修宮殿絕對不會出現這種現象。」

隋煬帝立即派人前去檢查，果然證明了宮殿是新造的，於是不但不再追究，還重賞了李淵父子。

盧梭曾寫道：「禽獸根據本能決定取捨，人類則通過算計來決定取捨。」

想在這個爾虞我詐的社會生存下去，無論如何，都必須具備一些心機，否則就容易遭到各種「病毒」攻擊，讓自己陷入危機。就算再有能力的人，也要具備一些保護自己不受傷害的心機，更要懂得把心機用在正確的時機。

敵人的言語就算利於刀劍，所設下的陷阱就算是天羅地網，只要我們能以自身的智慧加以應對，一定能尋得一條脫身之道。

而這種處世的智慧，又是由何而來的呢？

李世民知道皇帝的喜好，也明白在短暫的時間內要同時做到「大」與「好」是

不可能的事情，因此他選擇了「小而精緻」的做法，成功地在時限內造出一座精緻堂皇的宮殿，滿足了隋煬帝的喜好。

而在李淵蒙受小人陷害，險些被處死之時，李世民又能用難以駁倒的自然法則，指出新的釘子不會生銹、新的瓦上不會長霉斑，戳破了敵人所織就的誣陷謊言，保全了父親的性命。

如果我們能像李世民這樣，把平日觀察與體驗的心得和諧地應用到生活上，就能擁有智慧的泉源。

若能對人世間萬事萬物有足夠而且敏銳的觀察，我們便能看透人與物的本質，尋得最簡單，也最有效的解決方式。

望向更高的世界才能開拓視野

有競爭的環境才能激勵人的鬥志，引出危機意識，然後追求進步，因為有所比較，才能看出高下而反省。

有位作家曾經寫道：「雄鷹不會因為天空沒有道路而放棄奮飛，強者不會因為遇到挫折而停止追求。」

人生貴在超越，只有望向更高更遠的世界，人才能開拓自己的視野，不斷超越別人，也不斷超越自己。

人際關係大師卡耐基常鼓勵人們多與一些成功人士來往，因爲從這些人身上，可以看到不一樣的世界，我們的視野會更開闊。

美國企業家大衛．奧格爾維在廣告界佔有一席之地，也是一個頗有影響力的作家。他旗下的廣告公司不僅跨國經營，還是位居世界第六位的大企業。

對於公司的營運與用人的方法，奧格維爾有自己的獨特的想法。

在一次董事會議上，他在每個人面前擺放一只俄羅斯娃娃。看到大家露出不解的神情，他開口說：「請你們各自將面前的娃娃打開。」

大家照著奧格爾維的話打開了娃娃，結果發現裡面還有一個更小的娃娃。

在奧格爾維的示意下，就像拆禮物般，每個人一只一只地開了下去。

開到最後一個也是最小一只的娃娃時，裡面放著一張紙條，上面寫著一句話：「如果你總是聘請比你矮小的人，那麼我們的公司最終就會變成一個矮子公司。相反的，倘若你總是僱用比你高的人，我們就會成爲一個巨人公司。」

在劇烈競爭的時代，害怕後起之秀超越自己是人之常情。但是，若因爲這樣，就排斥接觸這樣的人，只會讓自己停在原地，無法前進。

充滿競爭的環境才能激勵人的鬥志，引出危機意識，然後追求進步。

因爲有所比較，才能看出高下；有了高下，便懂得反省；會反省的人，才有改進的機會；有了改進，就有進步的空間。

或許有人會認爲成績、事業的成就，不能完全代表一個人。可是，就現實層面而言，表現優秀的人確實比別人擁有更多的機會，多與優秀的人接觸，在人脈以及經驗上也就會較他人豐富。

除了工作場合要勇於面對比自己優秀的人外，結交優秀的朋友也是一件重要的事，因爲人與人交往時，常會在不自覺中受到他人的影響。

所謂「近朱者赤，近墨者黑」，一個上進的朋友，能激勵自己不斷往前行。不要忘了，即使像愛因斯坦這樣偉大的科學家，也曾得益於朋友的幫助，才能完成知名的「相對論」。

改正錯誤，才有可能進步

犯下錯誤，就必須改正，不能因為自認犯下的過錯很「小」，就不知反省。只有真正根除錯誤，才不會因小失大。

有位客人向錄影帶出租店預約了兩部片子，再三交代有人歸還時一定要幫他留下來。當其中一片歸還時，剛好另一位客人也想要那部片，加上他與店員又有不錯的交情，店員就先把片子租給他。

事先預約的客人如期來領片時，發現預約的片子竟然先租給別人，心裡非常不悅，嘴裡雖然沒說什麼，但他取消另一片的預約就離開了。

事後老闆得知此事，責怪店員的做法不正確。可是店員卻絲毫不覺得哪裡不對，反而還告訴老闆：「反正都是租出去啊，一樣有錢賺！」

許多人對於「錯誤」的認知非常膚淺，以爲只要能用另一件事來彌補，就不算犯錯，殊不知其中還有許多必須要考慮的因素。如同店員的做法，雖然片子一樣租出去，但是無形中卻失去了一個長期顧客。

愛因斯坦應邀到普林斯頓大學工作，進入辦公室那天，有人問他需要哪些用具，好幫他準備。

「我看看，給我一張書桌、一把椅子和一些紙張、鉛筆就行了。」在那人轉身準備離去時，愛因斯坦又突然叫住他，對他說：「對了！請等等。我還需要一個大一點的廢紙簍。」

「爲什麼要大的？」

愛因斯坦回答：「好讓我把所有錯誤都扔進去！」

有人問美國作家馬克．吐溫：「人的一生都會犯錯、失誤，沒錯吧？」

「是的。」馬克．吐溫肯定地回答。

「那麼，人犯的錯又有大小之分，對吧？」那人又問。

「沒錯。」

「請問，大錯誤和小錯誤有什麼區別呢？」

馬克．吐溫說：「如果你從餐館裡出來，把自己的雨傘留在那裡，拿走別人的雨傘，這叫小錯；但如果你拿走別人的雨傘，又忘記把自己的雨傘留在那裡，這就叫大錯。」

在科學實驗過程中，必須一次又一次面對錯誤，修正再修正，經過無數次的錯誤之後，才能得到最後正確的成果。因此，愛因斯坦需要一個「大」的廢紙簍，好將所有錯誤扔進去。

面對人生的每一次「錯誤」也是同樣的道理，必須從中獲取教訓、學得經驗，以避免下次再犯。

能不犯錯是最好的，然而，凡人孰能無過，犯下避免不了的錯誤時，也要儘量將傷害減到最小。就像馬克·吐溫的比喻，不小心錯拿了別人的雨傘，至少要把自己的雨傘留在那裡，才不會因爲自己的過錯，造成他人的不便。

只要犯下錯誤，不管是大或小，都是不對的，必須學會改正。不能因爲自認犯下的過錯很「小」，就不知反省。

只有眞正根除錯誤，才不會因小失大。

人要學著面對自己的錯誤，並努力修正，儘量把大錯化小，小錯化無。面對錯誤需要勇氣，改正錯誤需要決心，唯有做個知錯能改的人，才能獲得進步。

有一點心機才能保護自己

善良的人更要多一些心機，如此才能面對壞人，保護自己，以及提醒自己有哪些地方該小心提防。

有個女性隻身在異地開了一間租書店，偶爾會有幾個素行不良的鄰居找她麻煩。有一天，一個惡劣的鄰居被一台外地來的車子擋住出入的通道，不分青紅皂白上門破口大罵。這次，老闆娘不再客氣，也兇了回去。

後來，鄰居再也不敢過分了。老闆娘對客人說：「一個女人要在外地開店、生存，必須學著讓自己更不客氣。」

面對「非善類」族群，只知一味退讓，就會被對方吃得死死的。善良的人需要多一點「不客氣」的勇氣，讓自己有辦法長久立足。

多一點心眼，是爲了保護自己，在這個現實的社會，善良的人只會被壓榨，別期待對方會良心發現。

某一個農場的雞舍近來非常不平靜。原來，附近出現了一隻狐狸，常常趁著月黑風高的夜晚，溜進雞舍將小雞叼走。雖然農場主人盡力做好防護措施，可是還是防不勝防。

小雞接二連三遭竊，母雞媽媽難過得不得了。爲了子女的安全，母雞媽媽做出一個重大的決定，鼓起勇氣帶著珍貴的禮物到狐狸家裡，跪在狐狸的面前哀求道：「狐狸先生，請您不要再傷害我的寶貝孩子了！如果您能答應我的請求，今後我將把所得的珍貴物品全部奉獻給您！」

狐狸轉著眼珠子，露出一抹微笑，故作大方地收下母雞媽媽的禮物，一口答應道：「妳放心吧！從今以後我不會再去傷害妳的孩子了。」

就這樣，兩個禮拜過去了，雞舍沒有再傳出小雞失蹤的消息。母雞媽媽非常高興，按照自己的承諾，繼續帶著珍貴的物品前往狐狸家中拜訪。

有一天前去狐狸家的路上，母雞媽媽遇見了天鵝，兩人一番寒暄後，母雞媽媽就告訴天鵝，狐狸答應再也不吃小雞寶寶的事情。天鵝聽完後，若有所思地告訴母雞媽媽：「狐狸是最狡詐的動物，牠的話實在不能相信啊。妳自己要當心些！我看，還是去求求大黃狗，請牠幫忙將狐狸逮住吧！」

母雞媽媽說：「沒問題的，狐狸先生已經答應我了！況且，我這幾天去拜訪他，也都平安回家了。」謝過了天鵝的關心，母雞媽媽繼續往狐狸家走去。

狐狸看到母雞媽媽依約前來非常熱情地歡迎她，還請她喝下午茶。牠們聊到慢慢長大的孩子，還有農場的近況，好不愉快。就在母雞媽媽要離開時，狐狸突然堵住了門口，兇相畢露地對她說：「妳的孩子都長大了，也不需要妳了。反正妳遲早都是要死的，不如現在就讓我吃掉吧！」說著，立即撲上前，一口咬斷母雞媽媽的喉嚨。

母雞媽媽最大的錯誤就是對心懷不軌的對手讓步，像狐狸這種肉食性動物，是不可能放掉眼前食物的。得到狐狸保證的母雞媽媽，卻因此安心而疏於防範，讓狐狸有機可乘。更糟的是，母雞媽媽還透露農場的情況讓狐狸知道，豈不是方便牠下一次的獵食行動嗎？

把人心想得太壞，雖然不是一件好事。但是在這個現實的社會裡，沒有人可以保證誰是好人，是誰壞人。甚至認為是好人的人，或許有一天也會為了自己的利益，而改變心意變成壞人。誰能保證故事中的正義大黃狗不會突然轉性，開始攻擊小雞？

壞人總是心眼多、城府深，因而善良的人更要多一些心機，如此才能面對壞人，保護自己。多一點心眼，是為了看清楚一個人，儘管不必耍弄心機去攻擊別人，但至少可以提醒自己有哪些地方該小心提防。

想要保護自己在險惡的環境下生存，適度的心機是必要的。

別被貪婪遮蔽了雙眼

當貪念出現的時候，理智很容易跟著消失。接受他人的小惠之前，記得要先思索背後是否必須付出更大的代價。

某次，台北捷運公司舉辦回饋活動，從搭乘次數達到某個程度的乘客中抽出幾位幸運兒，將可以免費搭乘捷運一年。

結果得獎名單公布之後，卻有三分之一的人在接獲捷運公司通知後沒有前去領獎，因爲他們以爲這又是詐騙集團的另一種招術。

「恭喜您中獎了！」是最常使用的詐騙術，利用人們的貪心，騙取領獎前必須自行負擔百分之十五的稅金；或者利用免費贈送手機門號騙得受害者的身分證字號，進行非法行爲。

即使受害案例多不勝數，還是有許多人上當。

天下沒有白吃的午餐，騙術五花八門，別因一時的貪念而終生悔恨。

餓著肚子的穿山甲走走停停地尋找午餐，可是毫無收穫。

當牠正打算放棄，準備打道回府之時，迎面走來一隻大白蟻，讓牠高興得差點歡呼出聲。但是，牠想到一隻白蟻是無法填飽肚子的，於是靈機一動，堆滿笑容地走上前去。

「老弟，你要上哪兒去？」穿山甲親切地向白蟻問候。

「找食物囉！」白蟻帶著戒備的神情回答牠。

穿山甲聽了，故作驚訝地說：「何必那麼辛苦呢？我這裡就有現成的美食啦。」說完立即把牠那又細又長的舌頭伸了出來，「你過來嚐嚐我的口水，它比蜜汁還甜哪！」

穿山甲見到白蟻害怕的神色，更和藹地說：「你可以爬上我的舌頭，試嚐一下，

看看我的口水到底是啥滋味。我又不收你錢，怕什麼呢？」

白蟻見穿山甲這樣熱情好客，便壯著膽子爬了上去。

白蟻一嚐，味道果然不錯，便說：「穿山甲大哥，我從來沒有嚐過這樣美味的東西，能不能也讓家裡的兄弟一起品嚐呢？」

穿山甲豪爽地答道：「好啊，當然沒問題！把牠們都叫來吧，我請客！」

經過白蟻大肆宣傳，才沒多久，白壓壓的一群白蟻全部從洞穴裡爬出來，排成長長的隊伍，爬上穿山甲的舌頭，貪婪地吸吮牠的口水。

穿山甲忍住不停滴下來的口水，等到所有的白蟻都爬上舌頭後，突然一縮，將白蟻們全部吞進肚子裡去，打了個飽嗝，才滿足地離開了。

因爲抗拒不了送上門來的美食，又可以免去覓食的辛苦，竟然讓白蟻輕信天敵穿山甲的話，實在是一件令人感嘆的事。

「免費」之所以讓人瘋狂，就是因爲不需要付出任何代價。當人們可以不勞而

獲時，往往就會特別貪婪，也容易失去理智。

因此，百貨業者最喜歡推出消費滿額就可換取贈品的活動。很多婆婆媽媽就爲了一些不值錢的贈品，花了比預計還要多的錢，卻沒想過，多花的錢不知道可以買多少個相同的贈品了。

當貪念出現的時候，理智很容易被蒙蔽，千萬別因爲「貪」，讓別人有機可乘。接受他人的小惠之前，記得要先思索背後是否必須付出更大的代價。

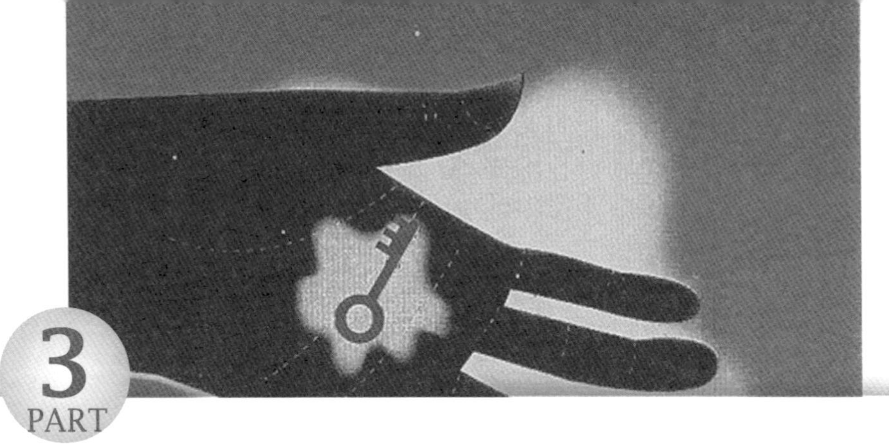

3

PART

不知變通，不可能成功

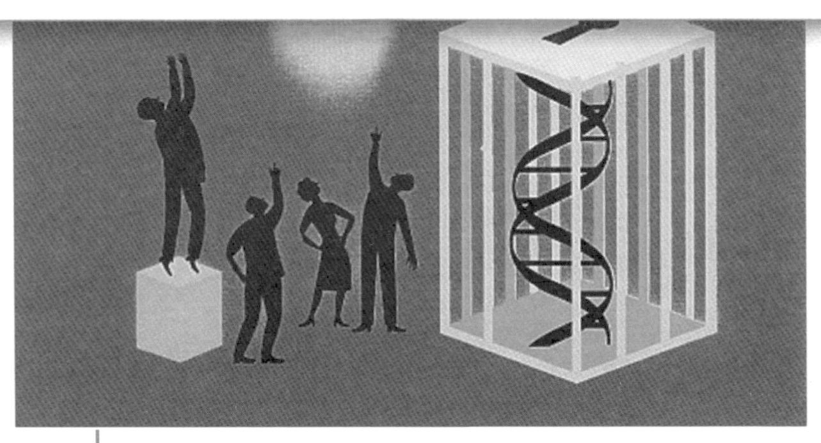

法理之外還得懂得一些人情世故，才能讓制度施行得更順暢。別將自己侷限於「規範」之中，忽視了現實的狀況。

你算計別人，別人也會算計你

有時候你覺得吃了虧，其實是逃過了更大一劫；有時候你埋怨自己腦袋不夠靈光，其實應該慶幸自己沒有自尋煩惱。

人是最擅長隱藏自己心思的動物，尤其是爲了達成某些目的，外在的僞裝會更加縝密、複雜。

但是，要弄心機必須適度。千萬別以爲自己聰明絕頂、心思縝密，其實，每個人心裡都有一台計算機，當你自以爲高明地算計別人時，別忘了，別人也正透過巧妙的方式在算計你！

眾所皆知，監獄裡面所有來往的信件都會經過嚴格的檢查。

某個犯人收到他老婆寄來的信，信上寫著：「親愛的，我想要在家門口的花圃種馬鈴薯，請問我應該什麼時候種呢？」

犯人回信道：「妳什麼時候種就什麼時候種，不過，千萬記住，不管任何情況下，絕對不能挖開花園裡的任何一寸泥土！因爲我所有的秘密都埋在那裡面。」

幾天以後，犯人的老婆寫信給他：「好奇怪喔！前幾天有六個調查員突然來到家裡。他們把我們家門前的花圃裡的每一寸泥土都翻遍了。」

目的達成的犯人於是很簡短地然地回信，向老婆說：「現在已經是種馬鈴薯的時候了……」

俄國作家剛察洛夫曾說：「把自己觀察與經驗，和諧而巧妙地運用到生活之中，就是智慧。」

做人要長心眼，但是不要耍心機。

沒有心眼，處處吃虧，被人賣了還認眞地幫人數鈔票，最後換來一場懊惱，這樣的人怎麼可能活得快樂？

心機太重，處處算計，凡事以小人之心度君子之腹，總想著投機取巧，這種人自然也快樂不到哪裡去。

俗話說得好，「害人之心不可有，防人之心不可無」。多一事不如少一事，有時候你覺得你吃了虧，其實你是逃過了更大一劫；有時候你埋怨自己腦袋不夠靈光，其實你應該慶幸自己沒有自尋煩惱。

正所謂「人算不如天算」，除非你認爲自己的道行比天高，否則，讓天去算就好了，千萬別浪費了腦力，別把心機浪費在算計別人！

可以不介意，但是一定要注意

對於自己的傳聞可以「不介意」，但是一定要「注意」。在需要的時候做適當的處理，讓它在自己可以控制的範圍內。

小王最近發現一進辦公室，就有一堆奇怪的眼光直盯著自己，原本和自己交情不錯的同事，態度也比以往冷漠許多。甚至原本是自己負責的企劃案，竟臨時被主管取消。

摸不著頭緒的小王，感到非常挫折。他根本不知道有個不利於自己的傳言，正在公司裡四處傳播，因而不論公司內的人相不相信這則謠言，心裡多多少少都受到了影響。

從街頭巷尾到公司行號，八卦、傳聞往往是人們的最愛，也以不同形式存在於我們的周遭。它是「隱形殺手」，不小心多挨它幾刀，就會因爲流血過多而死亡，一定要特別留意。

弗拉基米爾．馬雅可夫斯基是二十世紀第一位將自己的才華獻給社會主義十月革命的蘇聯詩人。

一九一七年的某一天，他走在聖彼得堡的涅夫斯基大街上，悠閒地享受迎面吹來的微風。走到轉角處時，發現前面不知爲什麼圍了一群人，阻擋了通道。

他走上前一探究竟，沒想到才剛靠近，就聽見自己的名字不斷被提起。

好奇的他佇立觀看，見到有個頭戴小帽、手提包包的女人站在人群中央，正用最荒謬的謠言在汙衊、中傷自己。

突然，馬雅可夫斯基穿過人群，衝到這個女人跟前大喊：「抓住她，她昨天把我的錢包偷走了！」

那女人聽了這項指控，驚慌失措地說：「你在胡說些什麼？你搞錯了吧？我根本不認識你！」

但馬雅可夫斯基態度篤定，堅持說：「沒錯，我絕對沒有認錯人。就是妳偷走了我的二十五盧布。」

人群開始鼓譟不安、議論紛紛，甚至有人嘲笑那個女人，並漸漸四散離去。當所有人都走光的時候，那女人一把眼淚一把鼻涕地對馬雅可夫斯基說道：「我的上帝，您瞧瞧我吧，我可真是頭一回看見您呀！」

馬雅可夫斯基答道：「可不是嗎？這位太太，妳才頭一回看見馬雅可夫斯基，就可以毫無根據地批評他！我勸妳回家的時候，可別拿自己的傭人出氣啊。」

人們很容易對自己不了解的事物輕易下判斷，甚至說得頭頭是道。就如同批評馬雅可夫斯基的那位太太，甚至連他是誰都不曾看過。

對於這樣的情況，能言善辯又風趣幽默的馬雅可夫斯基選擇正面反擊，以杜絕類似的不實謠言再度傳開。

對於自己的傳聞可以「不介意」，但是一定要「注意」。至少必須了解傳聞的根源，明白是誰說出來的，以及用意何在，並且在需要的時候做適當的處理，讓謠傳維持在自己可以控制的範圍內。

對於自己的謠言太過在意，會影響自己的情緒，因而在謠言並不傷大雅的情況下，可以當做沒這回事。但是，危及個人利益及人格的傳聞，就應該追查得愈清楚愈好，最好盡早澄清，必要時也要適度反擊，才可以避免對方用惡意的訊息傷害自己。

評估人心，不要掉以輕心

評估人心的時候，審視他人的眼光要更為謹慎、銳利，眼光放遠，不能把一時的言論與行動當做唯一的評價指標。

美國大作家愛默生曾說：「成功者並非比失敗者有腦筋，只不過他們比失敗者多了一點心機。」

的確，在人性的這條高速公路上，「心機」絕對是讓你避免受重傷的「安全氣囊」，無論你的本事多高強，做人做事最好還是要有點心機，才不會在關鍵時刻，出現要命的「當機」！

我們永遠不知道別人的心裡究竟在想什麼，爲了提防對方使詐，做人要多一點心機，做事要多一點心計。

越工於心計的人，越擅長隱藏心中眞正的想法，越厲害的人就藏得越深、越久，評估他人時千萬不能掉以輕心。

俾斯麥三十五歲時擔任普魯士國會的代議士，這一年是他政治生涯的轉捩點。當時奧地利是普魯士南方強大的鄰國，曾經威脅德國如果企圖統一，奧地利就會出兵干預。

俾斯麥一生都在追求普魯士的強盛，夢想打敗奧地利，統一德國。他是個熱血沸騰的愛國志士和好戰分子，最著名的一句話就是：「要解決這個時代的問題不能依靠演說和決心，而是要靠鐵和血。」

但是令所有人驚訝的是，這樣一個好戰分子居然在國會上主張與鄰國保持和平。他當時發言說：「對於戰爭後果沒有清楚的認識卻執意發動戰爭的政客，請自己上戰場赴死吧！戰爭結束後，你們是否有勇氣承擔農民面對農田化為灰燼的痛苦？是否有勇氣承受人民身體殘疾、妻離子散的悲傷？」

在國會上，他盛讚奧地利，為奧地利的行動辯護，這與他一向的立場背道而馳。最後，因為俾斯麥的堅持，終於避免了一場戰爭。

幾個星期後，國王感謝俾斯麥為和平發言，委任他為內閣大臣。過了幾年之後，俾斯麥成為普魯士的首相，終於施行鐵血政策，對奧地利宣戰並統一了德國。

既然「鐵血宰相」俾斯麥從未忘記過德國的統一，又為什麼會在國會上發表那樣的違心之論呢？

這是因為他所追求的不是一時的口舌之快，而是要一步步將權力握在手中，如此才能實踐自己的夢想，發動統一戰爭。

為了要成為普魯士宰相，為了避免國力薄弱的時候和奧地利正面衝突，無論如何都必須隱忍，一時的謊言又算得了什麼呢？

不過，從俾斯麥的這則故事，我們也了解，評估人心的時候千萬不要掉以輕心，審視他人的眼光要更為謹慎、銳利，像俾斯麥這樣城府甚深的人，不可能將他眞正

的企圖輕易顯露出來。

做人做事要把眼光放遠，看人要看到骨子裡，不能把一時的言論與行動當做唯一的評價指標，要注意這個人是否說一套、做一套，舉止與言論是否前後不一，這才是應該關注的重點。

越有權謀計略的人，越是擅於隱藏自己的眞心，看完俾斯麥的故事後，我們應該明瞭這點，往後在評估他人行爲與言論時，更要加倍謹愼。

與其千篇一律，不如出其不意

做人一定要有點心機，同樣的一件事，如果能用一些出其不意、與眾不同的方式來進行，所得到的迴響，說不定會十分讓你意外呢！

詩人白朗寧曾經說過：「一個人成功與否，並不在於如何循規蹈矩，而在於是否能在關鍵時刻用些心機。」

做人做事多一點心眼，才會多一點勝算，不管做什麼事，事先都要有周密的計劃和盤算。

有點心計並不是件齷齪的事，重點在於如何將心機運用在恰當的時機。

天底下最令人感到無聊單調的事，莫過於再三重複、一成不變的言行。不過，只要我們願意動腦筋，想出一些「不一樣」的方法，就算是一句別人說過千萬次的話，我們也能將它說得讓人眼睛一亮。

故事發生在中國的唐代。某一年，四川有一個非常有才學的年輕人，決定到長安發展。誰知到了長安，他的才幹根本沒有人知道，爲此感到很苦惱。

有一天，年輕人走在街上時，碰到一個賣胡琴的人，開價百萬銅錢。不少有錢人圍著看，但沒有人願意買，因爲太貴了。

年輕人一開始也沒有購買的意思，因爲他對胡琴並不是很感興趣。但是，就在他準備轉身而去，卻突然想到這把琴可以成爲絕佳的行銷工具，幫助他爲人所認識，於是不惜重金買下。

衆人見他出手闊綽，都圍過來問他是否擅長此樂器。只見這個年輕人眼睛發亮，充滿自信地說：「我擅長這種樂器，而這把琴也只有在我的手上才能顯現出它眞正的價值。如果你們想聽的話，明天到我那裡來。」

第二天，果然有許多見到他買琴的人來了，沒有見到他買琴而得知消息的人也來了，都是些長安名流，頓時場面顯得熱鬧非凡，擠得水洩不通。

年輕人於是吩咐僕役準備好酒好菜招待大家吃飯。

酒足飯飽後，年輕人拿出胡琴，對大家說：「我寫過上百篇好文章，誰知來到京都，卻被淹沒在世俗人群之中，不被大家所了解。彈琴是樂工們的事，哪裡是我所關心的！」

說著，年輕人舉起貴重的胡琴，重重地摔在地上，摔得粉碎。

然後，他把自己寫的文章分贈給大家。文章的確不錯，得到大家一致好評，年輕人一下子名滿京城。

他就是唐初的名詩人陳子昂。

陳子昂如果生在現代，或許會是個頂尖的行銷高手，這招「摔琴造勢」，想必會吸引許多鎂光燈的注意，進而達到非常良好的宣傳效果。

試著想想，當時有多少青年才俊到長安去找機會，想要親近認識一些文壇或政壇名流，讓他們知道自己的名字，向他們展現自己的實力？

而這些名流每天面對川流不息的自薦信與前來拜訪的人潮，恐怕早就對「我的文章擲地有聲，需要賞識我才能的人」這一類的自我推薦感到痲木了。

要如何在這些人當中脫穎而出？若是千篇一律地挨家挨戶宣傳自己的文才，恐怕只會事倍功半。

陳子昂選擇了獨特的行銷手法，這個方式與眾不同，並且大出所有人的意料，但結果卻相當成功。

陳子昂洞悉人類心理，抓住了人性的好奇心，同時以意外的轉折吸引了每個人的注意，得到了最好的效果。

這說明了，做人一定要有點心機，同樣的一件事，如果能用一些出其不意、與眾不同的方式來進行，所得到的迴響，說不定會十分讓你意外呢！

逆向操作會有意想不到的效果

在這個媒體與廣告不停地宣傳自己的產品有多優秀傑出的時代中，「逆向操作」有時正是出奇制勝的妙招！

在這個世界上，每個人都在追求最新、最快、最好的事物，並且深信只有追求到這些，才能獲得成功。

不過，不知你是否曾逆向思考過，有時候最壞、最差的東西，說不定也有創造利潤的獨特價值呢！

當吉姆．麥凱布結束了他身為心理學家的工作之後，決定和擔任辯護律師的妻

子一起開創一項新的事業。

麥凱布喜歡看電影，因此，開一家錄影帶出租店便成了第一選擇。

他們所在的地區大部分商店都有出租電影錄影帶的業務，而且大都出租奧斯卡獲獎電影及世界各地的優秀影片。

吉姆夫妻心裡頓時有了底。

當他們的「錄影帶天地」開張時，除了在櫃台上擺放了常見的好萊塢電影外，還儲備了許多稀奇古怪的電影，並打出了「保證供應城內最糟糕電影」的宣傳廣告招牌。

結果，生意出奇的好，顧客蜂擁而來，紛紛來租電影院不願上演的電影，並且指定要看那些「最難看的電影」。

隨後，夫妻二人又開闢一項新業務，通過免費服務電話向全美民衆出租「最糟電影」錄影帶，一年的營業額竟然達到五十萬美元之譜！

什麼?竟然會有人想花錢看明知道很糟糕的電影?這個讓人懷疑的主意聽起來是不是十分離譜呢?

其實不盡然,人都有好奇心,很多人恐怕都是抱著「我就要來看看有多差勁」的心態,這才造就了麥凱布夫婦一年五十萬美元的影帶出租業績。

麥凱布的成功,就在於他掌握了人的心理,在這個媒體與廣告不停地告訴自己的產品或作品有多麼優秀、多麼傑出的時代中,只要運用得當,「逆向操作」也會是出奇制勝的妙招!

所以,沒有不能賣的商品,全要看你如何賣;沒有沒價值的東西,要看你如何去賦予它價值;其中的奧妙之處,就要靠自己的靈活頭腦去探究了。

不知變通，不可能成功

法理之外還得懂得一些人情世故，才能讓制度施行得更順暢。別將自己侷限於「規範」之中，忽視了現實的狀況。

有一間知名的碗粿專賣店，標明只要點一碗碗粿和一碗魚羹，就附贈一杯飲料。

這天，有一位客人點了兩碗魚羹，但老闆卻沒有附上飲料。他疑惑地問老闆，碗粿和魚羹都是同樣的價錢，爲什麼沒有附飲料？只見老闆一臉堅持地說：「一定要點『一碗碗粿』和『一碗魚羹』才能附飲料。」

一杯飲料或許不怎麼貴重，但是卻關係著消費者的感受。若是固守規則，不知變通，就會留給顧客不通人情的印象，客人大概也不會再度光臨了。

同樣的道理，在這個知識經濟的時代，太過死腦筋、不知變通的人，是無法提

升自己的競爭力的。

趙國有個人名字叫成楊月，是個知書達禮的書呆子。

有一天，他家屋頂上用來防曬的茅草因爲過於乾燥而失火，眼看再不救火就要延燒到主屋，可是又沒有梯子可以爬上去滅火，所以父親要成楊月立刻到附近鄰居家借梯子。

成楊月馬上回到房間換了一身整齊乾淨的服飾，還坐在桌前寫了一封拜帖，而後才斯斯文文地走出家門。

來到友人奔水氏家中，他將拜帖交給門房，然後耐心地在前廳等待。

過了一會兒，主人出來了，成楊月站起身來彬彬有禮地連作了三個揖，然後跟隨主人緩步進入內室。

主人是個好客之人，馬上吩咐下人設宴款待，要他一定得留下來用膳。兩人互說著客套話，成楊月慢慢地品著酒，又頻頻舉杯回敬主人。

喝完酒後，主人問他：「今日成楊兄大駕光臨，是否有什麼要事前來指教呢？」

成楊月這才拱手說明來意：「火神降災寒舍，烈焰竄燒，想要上房灑水，無奈身無飛翼，一家唯有望大火號嚎。聽聞府上有登高梯子，特來相借。」

奔水先生一聽大為吃驚，趕忙站起身跺著腳說：「哎呀，你怎麼不早說呢！快回去救火！」

說罷，奔水先生連忙扛著梯子，扯著成陽月奔出門。

無奈，當趕到成楊月家一看，房屋早已化為灰燼了。

迂腐、侷限於禮節的規範，讓成楊月錯失了救火的黃金時間。雖然這個故事有些誇張，但是現實生活中卻存在不少這樣的人。

不管是學校、公司、社會到整個國家，都有一定的制度存在。制度的設定，是為了讓工作更加順暢、生活更加美好。但是，若因為這些制度而讓自己行事綁手綁腳，遵守制度就變成本末倒置的行為。

諸如此類的情況，常常發生在基層員工和工讀生身上，或許因爲自身權力不夠，才會發生這類事情。然而，絕大部分的情況，都是他們不知變通或者根本就懶得變通，因爲他們認爲自己再用心，薪水也不會比較多，何必多此一舉，不如直接拒絕多餘的要求還省得麻煩。

這樣一來，就常發生只知遵守規定而忽略實際狀況的現象。

就算沒心機，也要會看時機，在法理之外還得懂得一些人情世故，並善加應用，只有這樣才能讓制度施行得更順暢。

在日常生活中，也要學會山不轉路轉、路不轉人轉的精神，別將自己侷限於「規範」之中，而忽視了現實的狀況。

情報的保護是成功的第一步

訊息的運用與流通非常重要，如何保密是項重大挑戰。大至整個世界，小至個人，只要保不住機密，就註定要失敗。

電影〈獵風行動〉中，美國的原住民納瓦荷族在戰爭中扮演關鍵的角色。他們的重要之處並不止於驍勇善戰，最重要的是軍事機密就是由複雜的納瓦荷族語言設計而成。他們又被稱爲納瓦荷密碼兵，是日軍要活捉的重要對象，因此在戰爭中，這批通訊兵通常會受到多一層的保護。

在知識經濟的時代，資訊、技術就是生產力和競爭力，只要推陳出新的速度稍微慢了一步，就可能從市場上被排擠掉。因此，竊取敵手的機密就成爲一種提升競爭力的常見非法手段。

有一天，一個年輕的理髮師被召進王宮，替皇帝特拉揚理髮。

理髮師非常擔憂，因爲聽說皇帝對理髮師極爲挑剔，所有曾經替皇帝理過頭髮的人，從來沒有活著回去過。

入宮後，理髮師被帶進一個非常隱密的房間，皇帝正戴著一頂大帽子坐在位置上等他。

理髮師戰戰兢兢地揭開皇帝的大帽子，忍不住倒抽了一口氣，原來，皇帝長著一對驢耳朵。皇帝厲聲問他見到了什麼，他馬上鎭定地回答：「陛下，我什麼也沒有看見呀！」

理完髮後，皇帝很滿意地賞給他十二個金幣，並要他以後單獨一人進宮爲自己理髮。

人們見年輕的理髮師活著回來，都非常驚訝地問他爲皇帝理髮的經過。年輕人只說皇帝對他的技術很滿意，隻字不敢提到皇帝的耳朵。

之後，年輕人每次進宮，都得到皇帝的賞賜。但皇帝越是喜歡他，他越是感到痛苦，因為他心中有一個不能講出來的大秘密。

後來，他實在無法忍受這種折磨，便悄悄在曠野上挖個深坑，把頭伸進去，連說三聲：「皇帝有對驢耳朵！」

說完，立即將坑填平。

頓時，他感到如釋重負，渾身非常舒服。

過了不久，這個坑洞上長出一棵大樹。有個牧羊的孩子經過時，隨手折下一根樹枝做成木笛，沒想到木笛卻發出「皇帝有對驢耳朵」的聲音。這個神奇的事情，就這樣一傳十、十傳百，一下子便傳遍了全國。

皇帝得知這個消息後，氣得暴跳如雷，認為年輕的理髮師洩漏了秘密，打算殺了他。年輕理髮師害怕得不停求饒，並將事情經過如實稟報。

皇帝為了查證他的話，就親自來到那棵大樹下，命令侍衛折根樹枝做成木笛吹奏，誰知他一吹木笛，笛孔果然飄出「皇帝有對驢耳朵」的聲響。

皇帝一聽，氣得兩眼一翻，倒在地上死！

年輕的理髮師以爲將秘密說進坑裡，就不會有人發現，沒想到最後竟然長出會洩密的樹。這也告誡我們，重要情報是不能任意洩漏的，因爲再怎麼嚴密防範，總有疏忽之處。

保密對人而言是一件艱苦的責任，在這個責任背後，關係著許多人的未來，絕不可以因爲一時的疏忽而洩漏出去。

況且，重要的情報除非是透過特定的傳送管道，否則不可能會自動傳達出去，因而消息一旦傳開，有直接關係的人一定脫不了責任。

訊息的運用與流通非常重要，如何保密也是國家與企業的重大挑戰。大至整個世界，小至個人，只要機密保不住，就註定要失敗。

控制慾望，才不會輕易上當

人們多半是貪圖享受的時候，最容易受騙上當。所以要壓抑自己的慾望，不要成為野狼眼中的大肥羊。

格林童話〈大野狼和七隻小羊〉的故事中，野狼用盡辦法，終於讓小羊們相信牠就是媽媽。爲了讓聲音變細，大野狼吞了一根粉筆，還在腳上沾麵粉，好掩飾灰色的狼腳，小羊們就在這些「美化」的過程中，中計上當。

好話人人愛聽，對自己有利的話，更是不會放過。許多成功的推銷員，就是熟諳此道，才有辦法創造佳績。於是現今社會，產品的好壞已經不是重點，推銷的能力才是首要條件。

但是，倘若我們們無法判斷「美言」的眞實性，甚至輕易陶醉其中，就容易成為「野狼」的下手目標。

有隻狐狸不小心掉進獵人設的陷阱裡，想盡辦法、用盡力氣，卻怎麼也跳不出來，正當牠在坑底喘氣時，一頭四處找水喝的山羊正好經過陷阱邊。

四處張望的山羊看見了狐狸，關心地問：「你怎麼會掉到裡面去的？不趕快想辦法逃出來就糟了！」

狐狸一見機會來了，就裝出一副悠閒自在的樣子說：「誰說我是掉下來的？我在草原那裡熱得口乾舌燥，才來這兒避暑的。瞧，在這裡又涼快又舒適，泉水冰涼甘甜，青草鮮嫩多汁。這麼好的地方，幹嘛要出去呢？況且在這麼熱的天裡，獵人是不會到這裡活受罪的。」

渴到頭昏眼花、腦袋不清不楚的山羊一聽狐狸的描述，彷彿感覺到坑裡眞的有股涼爽之氣飄上來，巴不得立即跳下去，便問道：「狐兄，我渴得要死啦，能讓我下去喝幾口泉水嗎？」

狐狸故作爲難地說：「這……這裡並不怎麼寬敞，多了你一個，會擁擠許多。好吧！看在多年老朋友的份上，就和你一同分享吧！不過，你千萬不要告訴別人，否則大家都爭先恐後要進來，我們就無法獨享這個美好的地方了。」

狐狸的話還沒說完，山羊就迫不及待地跳下去。狐狸馬上把握時機，立即爬到山羊的背上，猛地縱身一躍，跳出坑口。

當牠安穩地站在洞口旁時，回頭對山羊笑道：「愚蠢的傢伙，這份清福讓你獨享吧，再見！」

說罷，狐狸就一溜煙跑走了，完全無視山羊的求救。

狐狸的狡詐之處，就是能看透山羊的解渴慾望，再加上冷靜的神情、高深的演技，成功讓山羊相信自己是在坑裡「度假」。在山羊意圖「共享」洞坑的時候，還不忘猶豫一番，才故作大方地假裝願意分享，以鬆懈山羊的戒備心。

好話人人愛聽，也因此，要害一個人最好的方法不是攻擊他，反而是要讚美、

利誘他。人在讚美中容易放鬆警戒，利誘則可引出人性貪婪的一面。只要著了此道之人，再普通簡單的騙局也能輕易成功。

會輕易上當，或許是因爲涉世未深、過於單純，無法辨別眞假善惡；至於絕大多數騙局能夠成功的原因，都在於受害者的貪念。

人們多半是在希望能圖個方便、貪人錢財、貪圖享受的時候，最容易聽信那些花言巧語，進而受騙上當。

只要瞄準人性的弱點，詐騙集團永遠不怕沒有人上鉤。所以，要壓抑自己的慾望，不要成爲野狼眼中的大肥羊。

4
PART

多用腦筋，才不會盲目聽信

倘若無法檢驗訊息的正確與否，就很容易成為有心人的利用對象，千萬別讓自己在無形中成為替他人傳遞不實訊息的信差。

帶人用心，方能上下同心

要讓人願意賣命，金錢只能收到短暫的成效。只有用「心」相待，才能讓人有認同感。

某間簡餐店由於大受好評，因而生意興隆，客人源源不絕。除此之外，就連學生們也爭先恐後地搶著在此工讀的機會，即使工作的時薪和一般店家相同。

這間店成功的原因就在於老闆夫婦倆相當用心。

雖然店裡請了很多工讀生，已經不需要老闆親自動手，他們還是會每天到店裡走動，客人多的時候也會下場幫忙。

除此之外，老闆娘每天中餐、晚餐時間，還會下廚煮幾道家常菜，讓趕著上課的工讀生能夠帶個飽滿又營養的便當離開。

這樣的用心，讓工讀生們個個工作起勁，服務也特別親切周到。大家都希望能多爲店裡盡一份心。

所謂的管理和經營，聽起來雖然頗具威勢，其實都脫離不了人與人之間眞誠、用心的相處之道。

在南美獨立戰爭期間的一個冬天，某個兵營的工地正在進行一項工程。只見一位班長指揮幾名士兵安裝一根大樑，班長大聲喊著：「加油，孩子們！大樑已經移動了，再多使把勁，加油！」

這時候，一位衣著樸素的軍官正好路過，看見所有士兵揮汗如雨地拉著繩索，就只有班長輕鬆地站在一旁高聲喊著口號，便上前問道：「你爲什麼不一起下去幫忙呢？」

「因爲我是班長。」班長驕傲地回答。

「原來你是班長啊！」軍官了解似地點點頭，隨即下馬走到士兵們的身旁，捲起袖子，幫忙安裝大樑。

大樑裝好了之後，軍官一邊擦汗一邊對班長說：「班長先生，以後如果您還有類似的任務，並且需要更多的人手時，您就儘管吩咐總司令好了，他會再來幫助您的士兵。」

班長一聽，當場愣住了。原來這位軍官就是拉丁美洲獨立運動的領導人西蒙·玻利瓦爾總司令。

第二次世界大戰後期，同盟軍司令艾森豪在歐洲前線待命，指揮某次即將展開的戰役。

一天，他在萊茵河邊散步，遇到一個愁眉苦臉的年輕士兵，就問他：「你看起來似乎有煩惱啊，孩子。」

年輕人說：「將軍，我心裡緊張得要命。」

艾森豪拍拍他的肩膀：「這麼說，我們就是難兄難弟囉！因爲我心裡也很緊張。讓我們一起走一走好嗎？也許這能使你我的情緒都好一些。」

眞正成功的帶兵就是帶心。通常一個獲得好成績的部隊，並不是因爲士兵特別英勇善戰，而是因爲有著團結一致的心。

讓他們願意賣命的原因，往往源自領導者的帶領方式。戰爭是一件殘酷且辛苦的事，在這樣的環境下，若長官無法與士兵生死與共，成爲生命共同體，那麼「爲誰辛苦作戰」、「爲誰流血流汗」就成了士兵一種揮之不去的困惑。士兵會害怕是正常的，若無法讓他們做好心理調適，怎能勇敢上戰場呢？

同樣的，一個領導者若只會擺出「我是老闆」的姿態，不親自了解、關心下屬，這樣的工作團隊即使沒有犯錯，整體工作效率也難有提升。

要讓人願意賣命，金錢只能收到短暫的成效。只有用「心」相待，才能讓人有認同感，不管在哪個階層，與哪些人相處，都是同樣的道理。

一個優秀的領導者，並不是採取專制極權、高高在上的作風，而是要能打入屬下的心，讓每個人心甘情願爲自己賣命。

跟著流行走，最容易迷失自我

若沒有自我意識和判斷能力，凡事只會跟著大家一起做，那麼，當流行感冒盛行時，是否也要跟上潮流呢？

放馬後炮是一般人評論「名人」之時最常出現的舉動。一個得到榮譽的人，就讚美他「從小就顯得不平凡」，至於罪大惡極之人，則說他「本來人就怪怪的」。

然而，這些評論者在得消息之前，眞的認識話中提到的主角嗎？答案絕大部分是否定的。

絕大多數人，只相信「衆人相信之事」。因爲這樣才不容易出差錯，也因爲這樣，大家都是平等、平凡，沒有特色的。

英國著名物理學家牛頓在從事「球面對太陽光折射率」的研究時，就像進入無人境界，所有心思都放在研究上。每天太陽出來的時候，他就坐在陽台上對著陽光吹肥皀泡泡，一刻也不停止。

當時，住在隔壁的老太太看見他的行爲感到非常訝異，還以爲他是個呆子。

有一天，英國皇家協會的一位研究員去拜訪牛頓，可是沒有找著人，於是他就到隔壁去拜訪老太太，想探聽牛頓的消息。

老太太一聽到他要找牛頓，就神秘地告訴他：「隔壁那個老頭子是最近搬來的。不過，他好像有精神病，整天都坐在陽台上吹肥皀泡泡。」

研究員一聽，失聲笑了出來。

他告訴老太太：「他沒有精神病，他是大名鼎鼎的科學家牛頓。他正在從事『球面對太陽光折射率』的研究，所以才會對著太陽吹肥皀泡泡。」

老太太聽完後，驚奇地瞪大了眼睛，伸出大拇指，連連表示讚揚。

有一天，俄國哲學家兼文學家赫爾岑受邀到一位朋友家欣賞沙龍音樂，主人還特地爲他留了最好的座位。音樂開始後，一曲接著一曲美妙地演奏著，但這時候女主人突然發現赫爾岑用雙手摀住耳朵，還在打瞌睡。

女主人見狀大爲驚訝，悄悄走向前推醒赫爾岑，相當好奇地問：「先生，你不愛聽音樂嗎？」

赫爾岑搖搖頭說：「我很愛聽音樂，但從來不聽這種輕佻低級的東西。」

女主人驚叫起來：「天哪，這可是目前社會上最流行的樂曲啊！」

赫爾岑平靜地反問：「凡是流行就一定高尚嗎？」

「不高尚的東西怎麼能流行？」女主人不服氣地回答。

赫爾岑說：「那麼，依妳的意見，流行感冒也是高尚的嗎？」

女主人無言以對。

若是沒有研究員的保證，牛頓在一般人眼裡是個精神出問題的人。沙龍裡演奏的，不見得是主人欣賞的音樂，只因為流行，才舉辦這樣的活動。

簡而言之，這就是人們「盲從」的習性，不能用心判斷好壞，以為只要冠上「流行」兩個字，就代表品質保證。

人們是盲目、虛榮的，別人有的一切自己當然也要有。

跟著流行走，最容易迷失自我。廣告就是利用這個人性特點，才能成功地打動人心，讓人們一窩蜂地想擁有廣告中的商品，誤以為沒有就是落伍，就是跟不上流行，而無視於自己是否眞的有需要擁有。

若是沒有自我意識和判斷能力，凡事只會跟著大家一起做，那麼，就如同赫爾岑所言，當流行感冒盛行時，是否也要跟上潮流呢？

多用腦筋，才不會盲目聽信

倘若無法檢驗訊息的正確與否，就很容易成為有心人的利用對象，千萬別讓自己在無形中成為替他人傳遞不實訊息的信差。

在生活中，利用傳遞不實訊息來達到目的的有心人無所不在。通常他們會製造一顆顆「煙霧彈」，刻意散佈出去，藉此手段排擠掉競爭對手。

因此，接收到任何訊息時，都必須小心謹慎，才不會落入敵人的陷阱中。

對於收到的訊息，必須評估它的可信度有多高，是不是錯誤的謠言，由誰傳出來，可能的目的何在，誰的獲益將最大……這些判斷過程是必不可缺少的，如此才能爲自己增添一點保障。

從前，有個非常吝嗇的富翁，要他從身上掏出一塊錢，就像要割下他身上的肉一樣痛苦。可是，他的兒子卻和他相反，是一個揮霍無度的紈褲子弟，還在外面欠下許多債務。

富翁對此完全不聞不問，更別說是替兒子還債了，兒子只好到處宣稱，等到父親死後一定會償還。

有一天，兒子實在等不及了，就和債主們商量要活埋父親。他們替富商沐浴更衣，然後硬把他放入棺材中，直往墓地前進。

沿路富翁哭天喊地、不停求救，正巧路過的法官聽到他的聲音，便前來詢問。富翁在棺材裡喊道：「救命呀，大人！我兒子要活埋我！」

法官質問富翁的兒子：「你怎麼能活埋你的父親呢？」

兒子回答道：「大人，他在騙您，他真的死了！不信您問他們。」

法官轉身問周圍的人：「你們能作證嗎？」

「我們能作證，他眞的死了。」衆債主回答。

於是，法官對棺材裡的富翁說：「原告只有你一人，證人也只有你一人，我怎麼能相信你呢？那麼多人都說你死了，難道他們都說謊嗎？」說完，他就揮一揮手宣判道：「埋吧！」

這個故事雖然有些誇大，但是延伸到現實生活中來看，的確有很多類似的荒謬情形不斷發生。

二十世紀最偉大的科學家愛因斯坦剛提出「相對論」之時，就如同許多新發現、新觀點一樣，一開始都無法得到廣泛的認同，甚至受到同行的批評和攻擊，完全沒有學術研討的空間。

當時，有學者爲了推翻愛因斯坦的理論，甚至出了一本批判「相對論」的書，書名叫《一百位教授出面證明愛因斯坦錯了》。

愛因斯坦得知後，不以爲然地說：「需要這麼多人證明我錯了嗎？如果眞的有

錯，哪怕只是一個人出面也就足夠了。」

絕大多數人只要看到某某名人推薦的事物，就二話不說地一頭栽下去，從不認眞思考過推薦的理由和原因。

倘若無法檢驗訊息的正確與否，就輕易相信、盲目跟從，很容易成爲有心人利用的對象。就像被貪婪的兒子和債主矇騙的法官一樣，成爲顚倒是非、腦袋渾沌的人。

聽來的消息並非都是正確的，它可能只是一顆被有心人士操弄的「煙霧彈」，千萬別讓自己在無形中成爲替他人傳遞不實訊息的信差。

越黑暗，越要堅持自己的理念

環境的混亂、價值的混淆正如同滾滾濁流，但即使在重重的迷霧之中，我們仍然應該堅定自我，要求自己、約束自己。

在承平的環境中，我們很難看出一個人眞正的企圖與人格的高度，但是，在混亂的時代或陰暗的環境中，去除了外在的拘束與道德的約束後，人的品格就會完整地顯現出來。

活在這個腦力競賽的社會，想要一鳴驚人，就必須具備一些做人做事應有的心機，別再傻乎乎地混日子。

因爲，裝傻只會讓你越來越傻，擺爛只會讓你越來越爛！

楚莊王即位之初，有三年的時間將國家大事拋在一旁置之不理，成天縱情歡樂。一開始，大臣們覺得他剛登基心性未定，不便多說什麼，但時間一長，大家便開始擔憂起來。

儘管莊王張貼過「諫者處以死刑」的告示，仍有些忠心耿耿的大臣冒死求見莊王，直言進諫，但都沒有好結果。

有一天，大臣伍舉求見莊王，對莊王說：「大王，臣想請您猜一個謎語。」「哦？愛卿好有興致呀！快說來與寡人聽聽。」莊王表現得很有興趣。伍舉意有所指地說道：「山崗上飛來一隻鳥，但經過三年時間牠既不叫也不飛，請問大王，這還能算是鳥嗎？」

莊王一聽，心中有數，表面卻不動聲色，沉吟了一會兒才說道：「三年不飛，一飛衝天；三年不鳴，一鳴驚人。寡人明白你的意思，你先回去吧！」

伍舉退了出來，心裡不禁這麼想：「莫非大王知道我的意思了？如果真是這樣，那可太好了。」

可是，幾個月過去了，莊王依然如故，不僅沒有收斂，反而變本加厲。奸臣們暗自竊喜，忠臣們則憂心如焚。

這一日，大臣蘇從再也忍不住了，直言不諱地對莊王說：「大王，臣認爲您是一國之君，不能終日只知縱情享樂，而應該專心朝政，治理國家。」

莊王未置可否，反而提醒他：「蘇愛卿，你應該看到寡人貼出的告示了吧？進諫的人將被處死，你不知道嗎？」

「臣知道，但如果大王能因此而覺悟，臣甘願一死。」

「好了，大家都下去吧！寡人累了，想休息一下，好好想一想。」

退朝之後，大臣們聚在一起面面相覷，誰也不知道莊王葫蘆裡賣的是什麼藥。而被莊王寵幸的那些奸臣則暗自竊喜：「說不定這次大王眞的把那些老頑固們一塊處死呢！誰叫他們多管閒事！」

然而，他們的如意算盤打錯了，莊王此後不再縱情享樂，而是開始致力於政治革新。

他首先把那些鼓動他吃喝玩樂的諂媚之人嚴加處分，接著又重用曾經冒死進諫的伍舉、蘇從等人，勵精圖治之後，整個國家的面貌煥然一新。

有時黎明前的黑暗相當漫長，漫長到我們甚至會開始懷疑朝陽究竟會不會到來，但是，只要堅守崗位、認眞努力，終究會有撥開雲霧見青天的一日。

要在和平的社會中維持自身的道德與理念，不是那麼困難的事情，要在惡劣的時代中出淤泥而不染，才是不容易；環境的混亂、價值的混淆正如同滾滾濁流，將所有的事物都捲入其中，乍看之下雖然一片髒污，但只要用篩子一篩，泥沙與黃金仍然粒粒分明。

所以，即使在重重的迷霧之中，我們仍然應該堅定自我，要求自己、約束自己。

因爲，在最黑暗的時代，人類那醜陋的、罪惡的一面，便會在黑暗中展露出腐敗的原形；而也正是在最黑暗的時代，人性中的良善與光明，才會呈現出最可貴的「價值」。

說話謹慎，才不會種下禍根

當情緒不穩定時，說話就得更加小心，別因一時的無心釀成一生無法彌補過錯，說出口的每一句話都要謹慎。

每個朝代都有不可思議的「文字獄」。不論是一句話或一首詩，只要一個不小心，即便是說者無意，但只要聽者有心，就可能成為滿門抄斬的大罪。

文字、言語，是人與人溝通的直接橋樑。每一個字句，都會傳達一種意思，出了自己的口、進了別人的耳，就難有收回的餘地。

因此，說每句話都要小心謹慎，最好「三思而後言」，把每個語句在腦海中反覆咀嚼，思量過後，再以最恰當的方式說出口，這才不會因出言不當而鬧笑話或是惹上不必要的麻煩。

有個人設宴款待趙、錢、孫、李四位客人。當天中午，趙姓、錢姓、孫姓客人都來了，唯有姓李的客人還沒到。

等了許久，還是不見他的蹤影，主人見前來的客人們早已飢腸轆轆，心裡一急，脫口就說：「眞是的，該來的卻沒來！」

姓趙的客人聽了很不高興，心裡想：「該來的沒來，那麼，我是不該來的囉！」於是，他一拂袖就走了。

主人見狀趕忙攔住，但還是讓客人走了，懊惱之下又說：「你看，你看，不該走的走了啦！」

姓錢的客人這下也火了，開口說道：「不該走的走了，那我就是該走的囉！」於是，他也悻悻然離開了。

到最後，客廳裡只剩孫姓客人，他見主人一開口就得罪人，便勸他以後說話要注意。主人急忙解釋道：「哎呀，我又不是在說他們兩個啊！」

姓孫的客人聽了直搖頭，心裡想著：「不是說他們倆，肯定就是我了！」於是，他也不高興地走了。

有個人一開口從沒好話，大家都不喜歡他。有一天，他經過一座新建蓋好的房屋門前，聽說是富翁的府第，就很想進去參觀。

他在門上敲打了幾下，遲遲不見人出來應門，便破口大罵：「快開門啊！裡面的人都死光光了嗎？」

這時候，富翁剛好走出門，聽了不高興地說：「這房子是我花費千金建造的，你怎麼這樣亂說話！」

這人答道：「這房子最多值五百兩黃金，只要你說聲好我就買下。」

富翁斥責道：「房屋是要傳給子孫後代的，誰要賣給你？」

這人冷笑著說道：「我勸你還是賣掉好，要是遇上一場大火燒得精光，可是連個屁也不值啊！」

富翁大怒，就叫僕人揍了他一頓把他攆走。

幾天後，有戶人家五十歲才得子，高興地大肆宴客。這人也想和朋友一同前往，但是朋友拒絕道：「你說話不吉利，還是不去的好！」

他央求著：「你帶我去吧，我保證一句話也不說！」

朋友在他再三拜託、懇求下，只好帶他一起去。來到主人家，他果然一句話也沒說，朋友這才放心。

就在吃完酒席，臨走之前，他突然對主人說：「今天我一句話也沒說喔！所以，若是過幾天你的孩子雙腿一伸死了，也不干我的事啊！」

說出來的話是有心還是無意，誰也沒辦法定奪，但是說得讓人不舒服，就是一句糟糕的話。

開口沒好話或者專說風涼話的人，不僅會在別人心中留下糟糕透頂的印象，人緣也必定奇差無比。

尤其是面對第一次見面的人，說話特別要注意。在對方還不了解自己人品、說話習慣之前，一句不當的言詞，都可能讓人留下永遠的「偏見」。

或許自己並不是對方想像中的那個樣子，但因爲說錯話而留下壞形象，這樣可是冤枉極了。

逞一時口舌之快的話語，雖然在說出口的當下會感到「口齒舒暢」，但也同時替未來種下禍根。

因此，當情緒不穩定、心情不好時，說話就得更加小心，別因一時的無心釀成一生無法彌補過錯，說出口的每一句話都要謹愼。

親身體驗才能做出正確判斷

要真正了解一個人、一件事，得親自面對、親自體會，懷抱著同等心情，才能做出準確的判斷。

對球賽不感興趣的人，到了球場觀看比賽，通常會一反常態地融入其中，可是在家看電視就無法有同樣的效果。

演唱會、電影也是同樣的道理，一張門票的錢可以買到好幾張唱片、租好幾部影片，但還是會有許多人選擇到現場感受，這就是一種臨場感。

親臨比賽現場，能夠感受到一群人爲了同一個目標而奮戰不懈；進電影院，能夠如實感受影音的震撼效果；參加演唱會，就能見到心中的偶像活生生地站在自己面前載歌載舞。

換句話說，描述得再精采、再生動，都比不上親身的體驗。

某次，拿破崙的軍隊行經一個小鎮，夜宿在一家小旅館。

店主人見到上門的客人是大名鼎鼎的拿破崙，馬上拿出最好的食物，準備最舒適的床，盡全力給予最完善的招待。

儘管如此，旅館主人夫婦倆內心還是非常不安，因爲人們傳說拿破崙是個脾氣很暴躁的將軍。

第二天早上，拿破崙和士兵準備動身，店主人連忙送上熱茶給拿破崙，還問他是否要一些點心在路上食用。

拿破崙接過茶，說道：「你們服務得很周到，我要獎賞你們。你們想要什麼？」

店主人頓時感到很爲難，心想如果要了太多東西或者是不可能給的東西，拿破崙會發火；如果不接受他的獎賞，他同樣也會生氣。

沉思了一會兒，店主便說：「將軍，您能不能告訴我們一件事，作爲獎賞？」

在拿破崙的示意下，店主繼續說：「聽說在戰爭期間，有一次您在一幢農舍裡睡覺，正巧碰上俄國人進去搜捕，您立即躲藏起來。您能不能告訴我們，當時您內心的感受如何？」

拿破崙聽了，臉色一沉，馬上叫兩名士兵將夫婦兩人捆綁起來，押到院子裡的一堵牆邊，然後下令：「準備，瞄準！」

老闆娘見士兵舉起槍，嚇得暈倒，店主人則哭著哀求說：「請您別開槍，我們沒有什麼惡意呀！」

拿破崙說了聲「停」，便上前對店主人說：「當俄國人搜捕的時候，我內心的感受如何，你現在明白了吧？」

拿破崙為了「回報」旅館主人盡心盡力的招待，讓他們夫婦倆徹底感受了一趟恐怖的「死亡之旅」。因為，只有讓他們陷入相同的危機之中，才能讓他們了解面對死亡的恐懼。

感同身受，能讓人與人之間建立起一份特殊的情誼。因此，通常有過相同經歷的人，比較容易一拍即合，因爲他們能夠了解彼此的感覺。

當我們想和不認識的人進一步往來時，最好先了解他的成長背景、專長喜好等等經歷，再從中揣測他看事情的角度和處世態度。只要能讓對方覺得自己和他是屬於同一類型的人，就有辦法打破兩人間的防線。

要眞正的了解一個人、一件事，得親自面對、親自體會，懷抱著同等心情，才能做出準確的判斷。

再優秀的人也要有團隊精神

若一個人只力求個人表現，不肯和大家一起行動，那麼即使他有再好的能力，也無法闖關成功。

籃球、足球、棒球……等等團體運動中，只有一個人表現突出，並不代表他所屬隊伍就能獲勝。

這些運動的進行需要隊友們互相輔助，才能使球隊獲得好成績。如果只求個人表現，不懂得互相支援，就會讓敵方有機可乘。

同樣的道理，在合唱團中，就算是聲音再怎麼優美的人，如果無法將自己的聲音融入整體之中，硬是顯得特別突出，那麼再美的聲音也會成為一個敗筆。

法國著名雕塑家羅丹應法國作家協會之邀，為大文豪巴爾札克雕塑雕像，原本預定一年半可以完成這尊雕像，但實際上卻花了整整七年的時間。

羅丹為了巴爾札克矮胖肚圓的身材傷透了腦筋，經過長時間的琢磨，決定要全力刻畫這位作家的精神之美，雕塑出一位「寫實的人」。

在一天晚上，羅丹終於完成他幾年來精心構思的傑作——巴爾札克雕塑像。他平靜且滿意地注視著這尊雕像，內心的情緒卻是波動不已。於是，他叫來幾個學生，讓他們一齊欣賞巴爾札克的雕像。

一位學生看著看著，目光最後落在雕像的手上，稱讚說：「這手實在是太逼真了！老師，我從來沒見過這麼奇妙而完美的手啊！」

這個誠懇的讚美讓羅丹陷入沉思之中。

過了一會兒，他猛然拿起身邊一把斧頭，毫不遲疑地朝著塑像的雙手砍去！一雙「奇妙而完美的手」當場消失，在場的學生們都忍不住驚呼出聲。

羅丹平靜地向學生們解釋道：「這雙手太突出了！它已經有自己的生命，不屬於這座雕像的整體。大家要記住，一件眞正完美的藝術品，沒有任何一部分是比整體更重要的。」

被砍去雙手的巴爾札克雕像，引起各界議論紛紛，報紙也大肆批評。

法國作家協會見此情形，急忙矢口否認這是他們向羅丹訂購的巴爾札克雕像。爲此，羅丹痛心極了，因爲沒有人可以了解這個雕像的精神所在。

但是，羅丹並未因此屈服，他說：「這尊雕像是我一生心血總結的成果，也是我個人美學的基本核心。」然後將雕像安放在家中的花園裡。

直到羅丹去世以後，這尊雕像才得到公正的評價，以「神似」而馳名天下，備受世人矚目。

羅丹要呈現的巴爾札克雕像，是他的整體精神，若是大家的目光只侷限在一雙「奇妙而完美的手」，那麼羅丹的苦心就白費了。因此，他毅然捨棄「一雙手」，換來整個人。

由此可見，有時候過於突出的特點，反而是整體的障礙。玩闖關遊戲的時候，每一個關卡都需要隊友們互相支援、扶持，才能順利過關。若一個人只力求個人表現，不肯和大家一起行動，那麼即使他有再好的能力，也無法闖關成功。

再怎麼優秀的人也要有團隊精神，因爲在企業團隊中，沒有一件繁複的工作是可以由一個人獨立完成的。唯有依賴各部門間和每個職員的互相合作、互補不足，工作才能順利推展。

靈活應用知識才不會有所限制

他人的意見只是一種參考、輔助工具，只要相信自己，活用各種能力，就算命運真的早已注定好，也必會因此改變。

人們常說：「第一個孩子，看書養；第二個孩子，自己養。」

初爲人父人母的新鮮人，通常從書籍中學習前人帶孩子的經驗。等到第二個孩子出生時，已經駕輕就熟，書籍就成爲一種參考，因爲每個孩子的狀況都不同，必須給予的照顧也有所不同。

讀書是一種讓自己成長的方法，目的在於獲得知識、增加專業能力，還有最重要的一點，就是培養思考與應變的能力。

張三是個極度迷信的人，無論做什麼事都要先求神問卜一番，出個門也要翻翻黃曆，看看是否吉利。

一次風雨過後，他家後牆出現蜘蛛網般的裂痕，看著這些裂痕，他在心裡大嘆，眞是不吉利啊！

眼看再不處理就要倒塌了，心急如焚的他想請人拆掉重建。但一查黃曆，卻發現一連好幾天都寫著「不宜動土」，只好暫時放下這件事。

隔了幾天，住在後街的李二請他喝酒。張三照例又翻開黃曆，但因上面寫著「今日不宜出門」，便猶豫了起來。

他不敢出門，可是又捨不得白白放過這頓大餐，因而在門前來回踱步，苦思冥想，終於想到一個兩全其美的方法。

既然「不宜出門」，那就不要從「門」出去，從後牆爬出去，這樣就不怕犯了出門的禁忌，又能吃到酒席。他不禁爲自己的妙招得意不已。

一拿定主意，他馬上搬來梯子架在牆上，誰知才爬到一半，遍佈裂痕的牆承受不住重量，就「轟」的一聲倒塌下來。

張三連著梯子一起摔倒在地，倒塌的泥土牆還把他壓得只露出一顆頭。張三的兒子聽到呼救聲，慌忙跑過來，束手無策地看著父親被壓在泥牆底下。

「快去找人來把我救出來啊！」張三痛苦地說。

兒子一聽，馬上跑回屋裡翻黃曆，過了一會兒，跑回來對父親說：「爹，今天不宜出門，沒辦法找人來呀！」

「那你去找把鏟子把我挖出來！」張三退而求其次地交代。

「可是，黃曆上記載著這三天都不宜動土啊！」兒子爲難地對父親說：「您再忍耐一下，三天過後我就找人來救您。」

黃曆對張三而言是一種「聖旨」，凡事都得通過它的「認可」才能進行，所以自然會綁手綁腳地生活。諷刺的是，張三就是因爲太過相信黃曆，而延遲修牆的時

間，導致出門時被牆壓住，眞的成了黃曆所指示的——不宜出門了！

讀書必須靈活運用，如果只是單方面地接收資訊，不知自我思考加以變通，那麼獲得的只是沒有用處的死知識，一旦事物有變化，發展情況不如書中所言時，就會失去處理的能力。

很多時候，他人的意見、書本的資訊，都只是一種參考、輔助工具，用來幫助我們培養思考的能力。事在人爲，只要相信自己，並且活用各種能力，就算命運眞的早已註定好，也必會因此改變。

5
PART

對你好，不一定為你好

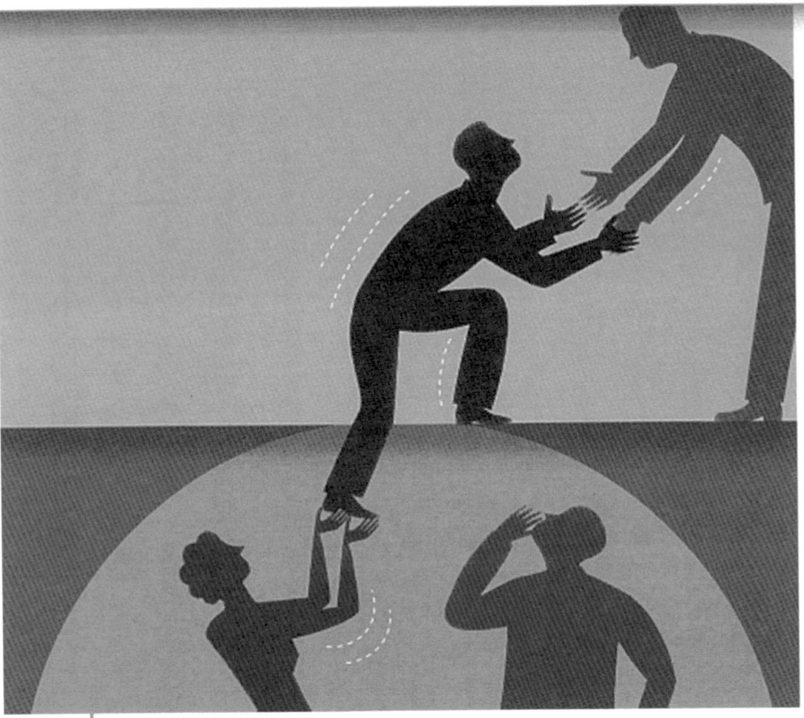

這個世界上不求回報的傻瓜並不多，絕大多數對你好的人，都希望可以從你身上獲得一些利益。

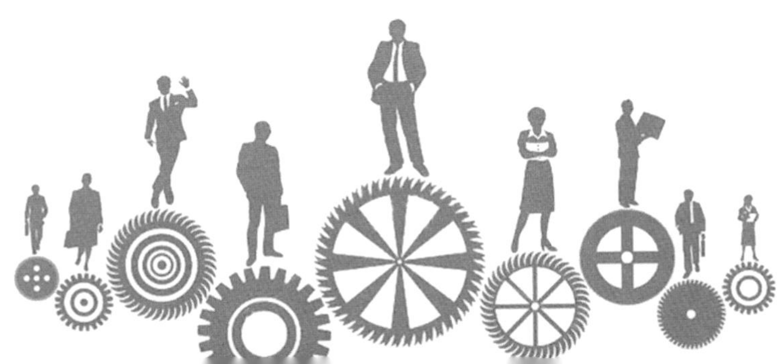

白吃午餐，小心傾家蕩產

當別人對你釋放出不尋常的善意時，你就要格外地注意。不要抱著貪小便宜的心態白白領受別人的恩惠。

人們經常有的一個錯誤迷思，就是相信「不愛錢的人，一定是好人」。我們不能武斷地說這個世界上一定沒有「不愛錢的好人」，但是不可否認的，這種人十分稀有。

在更多情況下，免錢的，通常是最貴的，不要錢的，往往是嫌這些錢太少。

老張不小心把錢包弄丟了，裡頭有五千多塊現金，還有家裡的鑰匙和幾張信用

卡，最重要的，是他的證件！

丟了錢事小，丟了證件那才麻煩啊！

只是，老張的擔心似乎是多餘的，因為當天晚上，老張就接到一通電話。電話那頭的人說是撿到了他的皮包，想要約他出來把東西完璧歸趙。

老張非常高興，和對方相約在市中心見面。

約定的時間到了，來的人是兩個一胖一瘦的小夥子，他們把皮包交還給老張，還要老張當場清點一下裡頭的東西有沒有少。

老張看了看，所有的東西和現金都原封不動地裝在裡頭，心裡非常高興，立刻抽出兩千塊錢打算要酬謝那兩名年輕人。

但是，那兩名年輕人頗像拾金不昧的大好人，說什麼都不肯收。

三個人在街頭僵持不下了好一會兒，最後，胖胖的那名年輕人提議道：「如果你眞的過意不去，那麼就乾脆請我們隨便吃一頓算了！」

咦，這眞不失為一個好主意啊。

三個人來到附近一家海產店，一邊喝酒一邊聊了起來，還互相交換了電話號碼和家裡地址，相約有空再到家裡頭去玩。

老張吃完飯回到家的時候，已經過了午夜十二點了。

他在電梯口遇到了一個鄰居，鄰居見了他，奇怪地問：「老張，你不是搬家了嗎？怎麼又回來了？」

「搬家？搬什麼家？」

「剛才有搬家公司的人來你家說是要幫你搬家啊，我看他有你家鑰匙，所以還以爲是你叫他們來的呢！」

「什麼鑰匙？我家鑰匙還在我手上，在我包包裡頭呢……」

老張說到這裡，這才恍然大悟，原來他皮包裡頭的鑰匙，早已讓小偷暗地裡重配了一套。

至於那小偷是誰，不用多說，想必你已經猜到了。

在這個小人橫行的社會裡，千萬不要太相信那些看起來老實、誠實的人，因爲

很多人正是靠著騙人的臉孔混飯吃。

當別人對你釋放出不尋常的善意時，你就要格外地注意。不要抱著貪小便宜的心態白白領受別人的恩惠，要知道，天下沒有白吃的午餐，在這個社會上打滾，欠別人的遲早都是要還的。

要是喜歡貪小便宜，喜歡白吃午餐，小心落得傾家蕩產。

愛錢的人未必不是好人，但是那些口口聲聲標榜自己「不愛錢」的人，多半都好不到哪裡去。

別當隻沾沾自喜的紙老虎

人們往往會由於一時的褒獎或成功，就不再時時惕勵自己、不再追求進步，而迷失在短暫的成就當中沾沾自喜。

人們經常犯下的一個錯誤行爲，就是「習慣以主觀的想法進行自我評價，無法認清自己眞正的實力」。

因爲習慣以主觀的想法進行自我評價，並用這種想法看待外在事物，我們常常對自己親眼目睹的現象深信不疑。

但問題是，這些讓我們深信不疑的現象，有時候只是一種假象，如果不及時改正錯誤判斷，就會造成難以逆料的後果。

有個獵人長年以來戰功彪炳，家裡擺滿了各式各樣的獸皮。

一次，要到野外辦事，為了禦寒，他便隨手抓了張獅子皮披在身上。來到野外之後，獵人開始察覺到有些許不對勁。風不吹，草不動，周圍的氣氛似乎安靜得有一點不尋常。

果然不出他所料，遠方傳來一聲長嘯，一隻吊睛白額虎從草堆裡倏地跳了出來，猛烈地朝著他直撲而來。

獵人雖然有一身打獵絕技，但是此時他手裡一件稍微足以應付的武器也沒有。正所謂巧婦難為無米之炊，到了這個地步，要躲要逃也已經來不及了，恐怕只能等死了吧！

然而，那隻老虎可能是因為餓過了頭，頭昏眼花，來到獵人面前，猛然一看，原來是一隻大獅子！天哪！自己的運氣怎麼這麼背呢！還是趁獅子沒有發威以前，趕緊逃命再說！

獵人僥倖逃過了一劫，非常得意，心想那隻老虎一定是認出了自己是一等一的射獵好手，所以才不敢來犯。想不到自己狩獵功夫這麼到家，連老虎見了都敬畏他三分，嘻嘻，他不只是萬物之靈，還可稱得上是萬獸之王呢！

幾天以後，獵人再次出外辦事。這一回，外頭的風沒有那麼大，獵人隨意拿了一張狐皮搭在肩上禦寒。

走到半路，遠遠地他就看見有一隻老虎躲在草叢裡伺機而動，但是這一回，獵人一點也不害怕。

他看見老虎斜著眼睛來到他的面前，只是生氣地說：「畜牲，知不知道我是什麼人啊！見了我還不讓路，當心我剝了你的……」

只是，話還沒說完，老虎就已經撲了上去，一口咬斷了獵人的喉嚨。

在詭譎多變的年代，我們正面臨一項前所未有的矛盾，那就是我們不僅不能過於相信別人信口開河的評價，也要經常小心檢討自己是否有著自大自誇的壞毛病，

因為我們相信的很多時候是錯誤的。

每個人都不是十項全能的頂尖高手，因此如果只是稍微存有一點技術或是擁有一點實力，我們所應該做的就是了解自己的能力範圍，並且不懈怠地繼續學習與努力，以求得更高超、更精湛的技術與學識。

然而，人們往往會由於一時的褒獎或成功，就不再時時惕勵自己、不再追求進步，而迷失在短暫的成就當中沾沾自喜。

直到某天，自認為早已臻至完美的實力被狠狠地打擊之後，才會赫然驚覺原來自己也不過只是一隻空有外表卻實力不足的紙老虎罷了。

從經驗學，也要相信直覺

在相信客觀證據的同時，也千萬不要忽視自己主觀的直覺。因為，那或許會比實際經驗更加能影響你。

人們經常有的一個錯誤迷思，就是相信「過去的習慣經驗一定比自己現有的感覺更加可靠」。

經驗誠然可貴，但是人在當下環境中的直覺更加可靠。因爲經驗只能指引你方向，但是你的感覺卻能左右你的表現。

他是雜技團的台柱，憑著驚險萬分的高空走鋼索聲名遠揚。

觀眾們買票來看表演，都是爲了看他手持一根中間黑色、兩端藍白相間的長木桿，自信昂然地赤腳走在足足有三層樓高的細鋼絲上。

多年來，他從來沒有失手過，走鋼絲的絕技越來越精湛，甚至還可以在鋼絲上做出一些騰躍翻轉的精采表演動作。

一天，雜技團在出國表演的飛行途中遺失了行李，他那一根用來保持平衡的長木桿，也不幸在遺失物品的項目列表當中。

爲了讓他在當晚可以順利演出，雜技團團長不惜一切代價，找來了一根粗細相同、長短一致、重量也一樣的木桿，一直到他練習到得心應手的時候，團長才請油漆匠在木桿上刷上和從前那根木桿一樣，中間黑色，兩端藍白相間的圖案。在觀眾如雷的掌聲中，他拿著新的木桿，微笑著踏上鋼絲。

按照他以往的習慣，他總是把左手放在從左邊數來第十個藍色圖塊，把右手放在從右邊數來第十個藍色圖塊上面。然而，不知道怎麼的，他覺得他兩手的距離似乎比從前的長度要近了一些。

難道是因爲新的木桿比較短的緣故？

不可能啊，他們明明仔細地測量過了，先前練習的時候也沒有發現有什麼不對勁的地方啊！

台下的觀衆又一次爆出熱情的掌聲，催促他開始表演。

已經沒有時間猶豫了，他只好硬著頭皮，握緊手中的木桿，集中精神朝著鋼絲的中間走去。只是，他越走越驚慌，越走越懷疑，一個不留神，竟然從空中摔了下來，表演被迫中止。

事後檢查，那根木桿的長度和原先的並沒有什麼不同，只是粗心的油漆匠，將兩端的藍白色塊都增長了半公分。

這個故事說明，在經驗主義掛帥的社會裡，要動搖一個人的信心，其實是十分容易的事，只要讓他面對陌生的事物即可。

經驗是累積的成果，固然相當重要，但應該與當下的直覺相互協調，才能避免自己犯下先入爲主的錯誤，使自己遭逢險境。

那位擅長走鋼絲的高手如果不是選擇忽視自己的直覺，而按照自己過去的經驗，習慣性地把手放在過去固定放的位置上，又怎麼會慘遭滑鐵盧呢？

經驗和直覺是助自己保事情做好的兩大利器，要相信經驗，更要相信直覺。如果你的感覺是不好、是不對的，那麼又怎麼可能會有完美的表現？

因此，在相信客觀證據的同時，也千萬不要忽視自己主觀的直覺。因爲，那或許會比實際經驗更加能影響你。

失敗不代表永遠被淘汰

失敗的確會讓人產生「已經走到了盡頭」的錯覺。但是，就算真的走到了盡頭又怎麼樣？此路不通，大可換一條路走。

人們經常有的一個錯誤迷思，就是把「失敗」和「結束」劃上等號。

正因為如此，每逢遭遇失敗的時候，大部分人的第一個想法都是：「完了！這下慘了！一切都毀了！」接著任由沮喪頹廢的念頭侵蝕自己，結果當然是永遠被時代淘汰。

東漢初年，遼東一帶盛產黑毛豬。一天，一名商人家中的老母豬生了一窩毛色

純白的小豬，大夥兒從來沒有看過這種顏色的豬，好奇地上門爭相觀賞。

所有人都認爲這種白色的豬實在太珍貴稀奇了，於是便有人建議商人說：「如此乾淨純白的豬，一定天下少有，你應該拿到富豪林立的京城去賣，物以稀爲貴，這種豬在那裡肯定能賣個好價錢。」

商人聽了，覺得鄰居們說得很有道理，應該把握這個千載難逢的好機會，把豬運到京城去大撈一筆。

只是，他沒有想到，當他好不容易長途跋涉了三個多月，來到京城最大的市場時，抬頭一望，天哪，京城市場裡的豬幾乎隻隻都是白色的！在這裡，白色的豬一點兒也不稀奇，價錢還遠不如他老家的黑毛豬。

商人心裡好不失望，早知道就把這些豬在老家賣掉算了，哪還用得著帶著這些豬走上這麼長一段路啊！不過，他隨即又想到，要再跋涉三個多月把這些白毛豬帶回家鄉，傻瓜才幹這種傻事！倒不如把這幾隻長得又肥又壯的白毛豬用便宜的價錢就地賣掉，然後再用這些錢換幾十頭小一點的白毛豬帶回家鄉去賣，這麼一來，等到他回到家鄉時，這些小白豬也長大了，正好可以賣個好價錢，這才是眞正的經商之道，不是嗎？

於是，這個商人便在京城買了幾十頭白毛豬帶回遼東，很快地就賣出去了。接著，他又從遼東帶了京城人沒見過的黑毛豬來京城，也大大賺了一筆。

遭遇失敗挫折，你必須知道自己還有其他選擇，這就是成功的法則。

沒錯，失敗的確會讓人產生「已經走到了盡頭」的錯覺。但是，就算眞的走到了盡頭，那又怎麼樣？

此路不通，我們可以換一條路走。即使沒有別的路可以走，我們也可以選擇沿著原路走回去，不是嗎？

失敗只是生命中的逗點，不是句號。每個人的生命都會有好幾個逗號，眞正可以毀掉一個人的，不是暫時失敗，而是你自己選擇認輸，爲自己劃上句號。

他是在幫你，還是在害你

在這個爾虞我詐的年代中，千萬要記住，把我們害得最慘的，不見得是表面上奸詐的人，反而是那些看起來貌似忠厚的「老實人」。

英國作家赫胥黎曾經寫道：「人生最大的悲哀，就是純真的想法，往往被醜陋的事實扼殺。」

確實如此，做人純眞善良，固然是一種可貴的美德，但是也最容易淪爲被人欺騙的豬頭。人要是不具備一些城府，不懂得判斷虛實，說好聽一點的是「單純天眞」，說難聽一點的就是「愚蠢無知」。

如果不想繼續讓自己成爲小人耍奸耍詐的對象，除了必須擁有純潔的秉性之外，更須具備深沉的心思，抱持著純眞的態度做人，用深沉的心思做事。

某甲獨自在亞馬遜叢林中冒險，突然之間，他發現自己被食人族重重包圍，眼看著前無退路，後有追兵，某甲於是無奈的對著天空大喊：「我死定了，上帝啊，救救我吧！」

話才剛說完，只見天空出現一道白光，接著，傳來一個聲音說：「你這話還說得太早！現在，你照著我的吩咐去做。聽著，你立刻彎腰撿起地上最大的石頭，然後用力往帶頭的酋長身上砸過去！」

某甲聽了，毫不猶豫地從地上撿起一顆最大的石頭，瞄準酋長，使出吃奶的力氣狠狠地砸了過去，正好不偏不倚砸中了酋長的腦袋，令酋長當場腦袋開花、應聲倒地。

周圍的族人們見狀，先是呆了幾秒鐘，接著全都轉向某甲，每個人臉上的表情都像極了一頭憤怒的獅子。

此時，天上又傳來一個聲音：「現在你才是眞的死定了……」

法國文豪巴爾札克曾經說：「虛偽的耶穌比撒旦更可怕。」

確實如此，一般人不容易被凶神惡煞欺騙，卻經常輕易地被那些看起來慈眉善目的有心人士坑騙。人在遭遇意外的時候，往往是最迷惘的時刻，或許你會想要聽聽別人的說法，或許你會尋求別人的意見，但是千萬別忘記了，最終的決定權，依然掌握在你自己的手上。

俗話說：「盡信書不如無書」，如果只是一味相信書本，那還不如靠自己憑空摸索出一番道理。同樣的，如果別人說什麼你就做什麼，完全失去了自己的主張、自己的判斷，那麼，還倒不如憑著自己的感覺闖一闖。

普布利留斯曾說：「在大難臨頭的日子，任何謠言，都會被人相信，尤其是從老實人口中所傳出的謠言，更令人深信不疑。」

在這個爾虞我詐的年代中，千萬要記住，把我們害得最慘的，不見得是表面上奸詐的人，反而是那些看起來貌似忠厚的「老實人」。因此，千萬不要以外貌來評斷一個人，在這個人心叵測的社會，即使是貌似忠厚老實的人，也會在暗地裡幹壞事。

雖然很多時候，旁人的建議能夠一語點醒夢中人，但是我們的人生畢竟還是需要由我們自己來負責。因此，在照單全收之前，請先運用自己的腦袋過濾資訊，仔細分析這些建議是不是只是餿主意，不要因此而中了別人的詭計，也不要太低估了自己的能力。

要有坦然接納缺點的勇氣

熟諳人性的人，通常會想方設法投你所好，如果你不想讓那些「好人」有可乘之機，就必須勇於認清自己。

了解自己的缺點容易，但要接受自己的缺點，可就沒有這麼容易了。只要稍微有一點反省能力的人，都可以輕而易舉地知道自己的缺點，但是知道以後呢？知道後要能夠坦然接受自己的缺點，並且面對殘酷的現實，那可就需要許多勇氣和智慧了。

阿傑在一次車禍中不幸失去了兩隻耳朵，但卻因此得到一大筆保險賠償金。經

過治療出院後，阿傑利用這筆保險金開了一家公司，生意越做越大，事業也蒸蒸日上。可是，阿傑十分在意自己沒有耳朵的怪模樣，所以每當他在面試新人時，只要對方露出一點異樣的眼神，阿傑就會大發脾氣。

某一次，阿傑在一天之內連續面試了三個新人。

第一個應徵者是一名老實的書呆子，阿傑問完所有一般性的問題後，認爲這個人頗有潛力，便按照往例繼續問他：「你會不會覺得我的臉上有什麼地方跟別人不一樣？」

書呆子畢竟是書呆子，不疑有他，想也不想便老實地回答：「有啊，你沒有耳朵。」

這立刻引起阿傑強烈的反感，馬上將他掃地出門。

第二個前來面試的是一名反應機伶的年輕人，阿傑對他的表現也非常滿意，可是就在閒聊時，年輕人忍不住開口問：「不好意思，我很好奇你的耳朵究竟是怎麼一回事？爲什麼那麼剛好兩邊都沒了呢？」

這句話直接命中阿傑要害，那名年輕人結果也不得善終。

等到第三個應徵者進門後，阿傑基於前兩次不愉快的經驗，乾脆直接問這名應徵者：「看看我的臉，你有沒有看到什麼不一樣的地方？」

這個人仔細端詳阿傑的臉，回答道：「我看到你有戴隱形眼鏡。」

阿傑對這個答案感到非常滿意，很欣慰這個沒有注意到他缺陷的人，便很高興對他說：「是啊，我戴了隱形眼鏡，但你是怎麼知道的呢？」

只聽那人低聲說：「你那個沒耳朵的模樣，能戴普通眼鏡嗎？」

格朗熱曾經這麼說：「我們明知諂媚是穿腸毒藥，但是，它的芬芳仍然使我們陶醉。」

「諂媚」確實是人性市場的終極武器，否則就不會有那麼多人明知沒有比「諂媚」更危險、更虛假，卻仍然樂暈暈地被諂媚的人牽著鼻子走。

熟諳人性的人，通常會想方設法投你所好，最後讓你被他出賣掉，還以爲他是一個不可多得的「好人」。

如果你不想讓那些「好人」有可乘之機，就必須勇於認清自己。

世界上沒有十全十美的人，一個人有缺點，是無可厚非的事。但是，一個人不知道自己的缺點，是不夠聰明；一個人知道自己的缺點但不肯接受，是不夠勇敢。人要接受自己的缺點，才能自在地和這些缺點共處。

人要接受自己的缺點，才能用寬廣的胸襟去看待別人的缺點。

人要接受自己的缺點，才能眞正喜歡自己、接納自己，不再靠那些阿諛諂媚的假話過日子。

對你好，不一定為你好

這個世界上不求回報的傻瓜並不多，絕大多數對你好的人，都希望可以從你身上獲得一些利益。

人們經常有的一個錯誤迷思，就是相信「給自己食物吃的，就是自己的衣食父母」，因而失去了防範之心。

事實上，對你好的人不一定就是爲你好，很多時候，你可能反而做了他的衣食父母而不自知。

一個下過雨的午後，鱷魚懶洋洋地爬到岸邊，一隻水鷸從空中俯降，倚靠在鱷魚的身旁，用尖尖的嘴爲鱷魚剔牙齒。

這是牠們常做的事，水鷸的嘴又銳利又靈巧，輕而易舉地就可以剔除鱷魚牙縫裡的食物殘渣。

每當這個時候，鱷魚總是感激涕零地說：「我親愛的朋友，你眞是對我太好了，我不會虧待你的，你替我剔牙，我在牙縫中留下一些食物的殘渣給你吃，我們的友誼建立在平等互利的基礎上，是眞正牢不可破的。」

「您太謙虛了，」水鷸說：「要不是您對我的恩惠，我又怎麼能得到那麼豐美的食物呢？希望我的服務能夠令您滿意，要不然我會感到很過意不去的。」

就這樣，鱷魚和水鷸結成了最親密的夥伴。

只是，有一陣子連日下雨，動物們都不到河邊喝水，鱷魚好幾天都沒有吃到新鮮的食物，肚子正餓得發慌。

和以往一樣，牠請牠的好夥伴水鷸替牠剔牙，當水鷸盡職地剔完牙之後，鱷魚問道：「我親愛的朋友，你吃飽了嗎？」

「謝謝您，我已經吃得很飽了。」

「可是，我卻很餓，餓得快要昏倒了，這該怎麼辦呢？」鱷魚說。

「喔，那眞是太抱歉了，」水鷸很自責地說：「您給了我那麼多吃的，我卻沒有辦法幫助您，我眞是沒用啊。」

「不，」鱷魚說：「其實你是很有用的，現在只有你才能夠幫助我，來，你看看，我這邊的牙縫裡好像剔得還不夠乾淨，你再替我剔一下吧！」

水鷸不疑有他，立刻把頭伸進鱷魚的嘴裡。說時遲那時快，鱷魚嘴一張，一眨眼的工夫就把水鷸整個銜進嘴裡，就連尾巴都沒有露出一點在外面。

鱷魚吃了一頓豐盛的大餐，唯一一點小小的困擾是，這下子牠可得重新尋覓一個新的合作夥伴了。

暢銷作家王國華在《對你好的人，不一定是好人》系列作品中強調：「想要判斷對你好的人，是否真的是好人，絕對不能光憑自己的所見所聞，因為，人心隔肚皮，誰也不能保證對方肚子裡到底懷著什麼鬼胎。否則，到最後你會赫然發現，原

來你最信任的人竟然是騙子。」

這個世界上不求回報的傻瓜並不多，絕大多數對你好的人，都希望可以從你身上獲得一些利益。當彼此的互利結構失衡，或是到了危急的關頭，對方就會選擇犧牲你而保全自己的利益。

因此，當對方塡飽了你的胃，你就應該要去猜測他的心。要確定對方眞的是一片丹心，還是暗中懷有異心。千萬不要像故事中的水鷸，等到人家把你吸乾抹淨，才來怪他沒有良心。

袖手旁觀，也許讓你死得最慘

「多一事不如少一事」，我們從小就被教導著「別人家的事情不要管」，每個人都樂於當個「不沾鍋」。

人們經常有的一個錯誤迷思，就是相信「多一事不如少一事」，職場上更盛行一句名言：「多做多錯，少做少錯」。

我們從小就被教導著「別人家的事情不要管」，每個人都樂於當個「不沾鍋」，卻不知道這樣的想法，到頭來可能會不只害了別人，也會害了自己。

一隻老鼠透過牆壁上的小洞，看見屋子的主人打開一個包裹，裡面裝的居然是

一個捕鼠器！

天哪，這眞是個可怕的消息啊！老鼠連忙跑到屋外的院子裡，警告大家說：「大家注意，大家注意，屋子裡有一個捕鼠器，屋子裡有一個捕鼠器！」

雞群們成群結隊玩得正開心，聽了老鼠的警告，頭也不抬地說：「對不起，老鼠先生，那是你的問題，和我們一點關係也沒有。」

農舍裡的豬聽見了，也懶洋洋地說：「非常抱歉，老鼠先生，除了祈禱，我對此無能爲力。看在好朋友的分上，我每天睡覺以前爲你禱告就是了。」說完，又翻了一個身繼續睡牠的覺。

牛聽到了這個消息，露出一臉茫然的表情，反問老鼠說：「捕鼠器是什麼東西？捕鼠器會帶給我什麼危險嗎？」

老鼠只好一臉失望地回到牠的洞裡去了。

當天晚上，房子裡發出一陣聲響，捕鼠器抓到了獵物。

女主人摸黑前來察看，黑暗中，沒有看清楚捕鼠器抓到的不是老鼠而是一條蛇，因此不小心被蛇狠狠地咬了一口。

主人看見妻子傷勢嚴重，連忙向人們請教治癒蛇毒的方法。有人說，新鮮的雞湯可以治療蛇毒，主人便抓了院子裡的雞來燉了好幾鍋雞湯。

女主人的病情依然沒有好轉，鄰居和朋友紛紛前來幫忙看顧她。為了招待朋友，主人請他們吃新鮮的豬肉。不久，女主人死了，為了款待前來參加葬禮的賓客，主人也把僅存的一頭牛殺來作成食物宴客。

袖手旁觀的本事誰不會？但是如果幫助別人只是舉手之勞，你又何樂而不為呢？幫別人，其實也是幫自己。若是你周圍的人個個處於水深火熱之中，你也很難不被颱風尾掃到。唯有當你身邊的人也都過得和你一樣好，你們才眞的可以相安無事，一切太平。

下一次，當你聽見「屋子裡有一個捕鼠器」的時候，請不要再表現得漠不關心了。因為，現在與你無關的事情，如果不趕緊幫忙解決，難保日後你一定不會被這些看似不相干的事被拖下水！

6

PART

工於心計，只是白費心機

我們或許有能力可以影響周圍的人，但是千萬別妄想去左右任何一個人。去推算別人的心思，結果通常都只是白費心思。

工於心計，只是白費心機

我們或許有能力可以影響周圍的人，但是千萬別妄想去左右任何一個人。去推算別人的心思，結果通常都只是白費心思。

人們經常有的一個錯誤迷思，就是「只要多用心構思，對方一定會照自己費盡心思引導的方向走」。

但是，事實往往不是這樣，否則又怎麼會有這麼多父母感嘆孩子不照自己替他鋪好的路走？又怎麼會有這麼多人抱怨自己用熱臉去貼別人的冷屁股？

話說在美國，有個嫌犯被控殺人。雖然已經有足夠的證據可以證明他的罪行，

但是死者的屍體卻遲遲沒有找到。

被告律師爲了要替他的委託人脫罪，想出了一個妙招，對陪審團說：「各位先生女士，接下來出現在你們眼前的畫面，將會讓所有人都感到吃驚。」

律師低頭看了一下手腕上的手錶，繼續說：「一分鐘之內，這個案子裡被認定已經被殺害的受害人將會走進法庭內。」

說完，律師轉頭聚精會神地看向法庭的入口，所有陪審員聽了律師如此不可思議的說詞，也紛紛好奇地看著入口。

只是，一分鐘過去了，那兒連個人影也沒有。

律師於是說：「沒錯，剛才的那番話，是我虛構的。但是，所有陪審員皆懷著預期的心理望向法庭入口，這卻是一個如假包換的事實。根據你們的動作，可以說明你們其實也很懷疑這個案子中是不是眞的有人遭到殺害，因此，我憑著這一點堅持被告應該被判無罪。」

然而，結果出乎律師的意料之外。不管他提出的推論多麼有道理，經過短暫的商討之後，陪審團都依然還是宣判被告有罪。

「你們怎麼可以這樣呢？」被告的律師不甘心地問：「我明明看見所有陪審員都不約而同地盯著法院門口，這說明了你們其實並不能確定我的當事人是否眞的殺了人啊！」

「嗯，你說的確實沒錯，」陪審團的主席說：「我們剛才的確全部都轉頭去望向大門了，但是我們注意到，你的當事人並沒有看向門口。」

工於心計有時只是白費心機，我們或許有能力可以影響周圍的人，但是千萬別妄想去左右任何一個人。

如果你不想讓別人知道你葫蘆裡賣的是什麼藥，那麼你又怎麼敢肯定你一定可以猜得出來對方的心裡怎麼想？

去推算別人的心思，結果通常都只是白費心思。

因此，要用心去做事，而不是用心機去做人。

小人再如何偽裝，也裝不出君子的模樣

偽君子只能偽裝得了一時，偽裝不了一世。不管你如何用心地藏好自己的狐狸尾巴，人們都還是會依照你實際的行為來評斷你。

人們經常有的一個錯誤迷思，就是相信「做個僞君子，好過當一個眞小人」，因此總是習慣假慈悲、裝好人。

事實上，世人的眼睛是雪亮的，不管你如何用心地藏好自己的狐狸尾巴，人們都還是會依照你實際的行爲來評斷你。僞君子只能僞裝得了一時，僞裝不了一世，幹嘛裝得那麼辛苦？

從前，倫敦的法律規定，如果欠債不還，債務人就得入獄服刑。

有一名經商失敗的商人，欠了高利貸債主一筆巨款。那名又老又醜的債主看上了商人年輕貌美的女兒，便要求商人用女兒來抵債，否則，就要訴諸法律，讓司法機關把商人抓進牢裡關。

商人的女兒聽說了這個消息，當然是抵死不從。爲了不讓自己蒙上逼迫良家婦女的惡名，僞善的債主想出了一個方法，假裝仁慈地對那一對父女說，他並不是要趁人之危，只是一切聽從上天的安排而已。

說著，他在一個黑袋子裡放進一顆黑石頭和一顆白石頭，要商人的女兒伸手進去袋子裡選一顆石頭，如果她選中了黑石頭，那麼她就要嫁給他；如果她選中了白石頭，那麼她不但可以不履行婚約，她父親的債務也一筆勾銷。

如果她拒絕這項交易，那麼她父親的下半輩子就準備在牢裡度過。

商人的女兒別無他法，只好勉爲其難地答應放手一搏。

只是，當高利貸債主把石頭放進袋子裡時，商人的女兒在千鈞一髮之際察覺到，放進袋子裡兩顆石頭居然都是黑的！

這下子，她該怎麼辦才好？

商人的女兒靈光一閃，要求用一塊黑布把自己的眼睛蒙起來，好讓自己在完全看不見的情況下抽石頭。

接著，她冷靜地從袋子裡挑選出一塊石頭，然後故意一不小心把手一鬆，讓手裡的石頭滾落在地上，和地上其他又黑又白的石頭混在一起，根本分辨不出哪一顆是她掉的。

「唉呀，這可怎麼辦呢？」商人的女兒揭開眼睛上的黑布，驚訝地大叫。

不過，她隨即想出了一個解決問題的好辦法，對債主說：「剛才那顆石頭是什麼顏色的，就連我自己都沒有看到。不過，沒有關係，我們只要看看袋子裡剩下的是什麼顏色的石頭，不就可以知道我剛才選中的那一顆石頭，到底是黑是白了嗎？」

不用說，袋子裡剩下的一定是黑色的石頭。商人的女兒就這樣運用自己的智慧，有驚無險地逃過了一劫。

想想看，如果那名債主不是爲了博得「好人」的名聲，「慈悲」地讓商人的女兒決定自己的命運，又怎麼會落得人財兩空的下場呢？

僞君子並沒有那麼好當，人們通常也沒有那麼容易被僞君子所騙。

到頭來，做眞小人和做僞君子的差別，只是一個是被人們當著面罵，一個是被人們在背地裡罵。

既然兩者都將收到世人的唾罵，那我們就應該要端正自己的心智與品行，既不當僞君子，也遠離小人之流。

太在意表相，往往忽略了真相

眼見並不能為憑，因為每一件事情，都可能會有不同的解讀，與其去在意事物的表象，不如多去思索這件事的功能與意義。

人們經常有的一個錯誤迷思，就是相信「眼見爲憑」，認爲只有自己看到的才是最眞實的。

我們都很相信自己的眼睛，卻忘了我們眼睛所見到的，通常都只是某個時間點的畫面，往往只是表相而不是眞相；至於我們的眼睛所能理解的範圍，也往往只有事物的外在而非內涵。

某個國家裡有兩位非常傑出的木匠，手藝都到了出神入化的境界，實力難分高下。爲了選出究竟誰才是「全國第一」的木匠，國王突發奇想，爲他們舉辦了一次比賽，要他們在三天時間以內，各自雕刻出一隻老鼠，誰雕得比較像，國王就把「全國第一」的匾額頒給他。

在那三天之內，木匠們無不絞盡腦汁，夙夜匪懈地工作著。三天過後，兩名木匠終於展現了他們的成果。

第一個木匠刻出來的老鼠栩栩如生，乍看之下，和一隻眞的老鼠沒有兩樣。第二個木匠卻只刻出了老鼠活靈活現的神態，沒有仔細刻出老鼠身上的每一處細節，遠看的確像隻老鼠，近看卻略嫌粗糙。

根據這樣的成果，衆人一致裁定，由第一個木匠獲勝。

然而，第二個木匠卻大聲地抗議說：「這樣的評審標準一點也不公平！」

「喔？怎麼說呢？」國王感到非常好奇。

第二個木匠於是解釋說：「人即使見過老鼠，也很少人曾經仔細觀察過老鼠的樣貌，要說最了解、最熟悉老鼠的，應該是貓才對。所以，我認爲應該要由貓來決定一隻老鼠是不是像老鼠，這樣才是最正確的啊！」

國王想想，認為這個說法不無道理，便命人帶幾隻貓來到大廳上，由貓來擔任這場比賽的裁判。

沒想到，幾隻貓兒一落地，立刻不約而同地撲向那隻不十分逼眞的老鼠，對著那隻老鼠又吼又叫、又啃又咬，好像它是一隻眞的老鼠一樣。

國王別無他法，只好把「全國第一」的稱號頒給了第二個木匠。

頒獎典禮結束以後，國王好奇地問道：「究竟你是用什麼方法讓貓以為你刻的那隻老鼠是一隻眞的老鼠呢？」

「其實，我用的方法非常簡單，」只見「全國第一」的木匠竊笑道：「我那隻老鼠，是用魚的骨頭來刻的！因為貓兒在乎的其實不是食物的外表，而是食物的味道啊！只有人，才會那麼在意東西的外表。」

一隻老鼠長得像不像老鼠，其實一點也不重要，它可不可以吸引到貓，那才是

最重要的關鍵。

因此，與其去在意事物的表相，不如多去思索眞相，釐清這件事物所涵括的功能與意義。

眼見並不能爲憑，因爲一件事情，即使每個人看到的樣貌都相同，也有可能會有不同的解讀，也因此會讓我們對同一件事產生不同的心情。

更河況，每個人所看到的「眞相」，並不盡然一樣。

要看準潮流，但不要隨波逐流

只有勇敢開創的人，才能開啟自己的一片天空；也唯有抱持高度熱忱的人，才能讓自己的想法永遠在天空中閃耀。

人們經常有的一個錯誤迷思，就是相信「我只能賣別人賣過的東西」。這種迷思讓人一味追逐潮流，從不想像自己能創造什麼，又能引領什麼，最後變成隨波逐流過活。

十九世紀末期，是搜索小行星的熱潮期。每個發現小行星的人不但可以得到豐厚的獎金，揚名國際，還可以替自己發現的小行星取自己喜歡的名字。

一天，報紙上登了一則荒誕的廣告，一位天文學家要以兩百五十磅的價格，「出售」他新發現的小行星命名權。

這名天文學家難道眞的這麼缺錢嗎？

不，這名天文學家一心專注於科學方面的研究，在他從事天文研究的五十年當中，一共發現了一百二十五顆小行星，幾乎沒有幾個人能夠超越他的成就。

不過，這名天文學家因爲不擅長於經營人際關係，所以他的才能一直沒有得到上司的賞識，他的成就也沒有爲自己帶來名利。

這名天文學家一向過著清貧的生活，也非常滿足於現狀。但是，此時的他，卻迫切需要一大筆錢，因爲聽說再過不久，宇宙將會發生一次難得的日全蝕，而最理想的觀測地點是在遙遠的非洲。作爲一個專業的天文學家，他怎麼能夠放棄這個大好機會呢？

然而，不管他提出多少申請報告，政府或商界都沒有一個人願意對他伸出援手，支持他的研究。

剛好這個時候，他又發現了一顆新的小行星，於是他靈機一動，想到了這個籌措旅費的好方法。

這顆小行星的命名權最後由一位名門貴族買下，他將這顆星用他妻子的名字「貝蒂娜」來命名，希望他對他妻子的愛永遠都能夠在天空中閃耀。

想想看，如果今天你要做生意，你會選擇賣些什麼？

大部分人的想法，都是先去打聽一下現在市場上有哪些正在暢銷熱賣的東西，然後趕緊跟上別人的腳步，加入這一股熱潮。

然而，這樣隨波逐流的想法與做法，或許會令你短時間內眞的賺到了錢，但是卻無法讓你永遠賺錢。

眞正能夠讓自己受用無窮的，是那些別人沒有而能夠在你身上找到的某些專屬於你的特質。

要看準潮流，但不要隨波逐流。只有勇敢開創的人，才能開啓自己的一片天空；也唯有抱持高度熱忱的人，才能讓自己的想法永遠在天空中閃耀。

別人不支持，但你要有所堅持

往往阻撓人們繼續堅持下去的，並不是途中遇到的困難，而是那些你所相信的人對你的看法。

人們經常有的一個錯誤迷思，就是迷信權威，盲目地相信「老師、專家的意見永遠都是對的」。

然而，老師也不過比學生多唸了幾年書，專家也只不過比普通人多做了一點研究，他們的確是箇中高手，但是絕非全知全能，他們一樣也會犯錯。一味相信老師和專家的說法，你的思考模式就會出偏差。

第二次世界大戰結束的時候，美國的國旗上只有四十八顆星，代表當時美國聯邦政府的四十八個州。

但到了五十年代後期，兩個新的州即將加入聯邦政府的消息被新聞界炒得沸沸揚揚，如果兩個新的州眞的加入了聯邦政府，那麼擁有五十個州的美國，再用四十八顆星的國旗就顯得不太合適了。

於是，有人因應需要，設計了五十顆星的新國旗。

然而，你知道嗎？這個新國旗的設計者當時年齡僅僅只有十七歲，還只是個住在俄亥俄州的高中生呢！

那是一個星期五下午，高中生羅伯特．G．赫弗特放學回家，準備要完成歷史老師交代的家庭作業。老師要求全班同學每個人設計一樣東西，這樣東西要能表達他們對歷史的熱忱與認識，而且必須具備可看性和獨創性。

羅伯特想了半天，不知道自己要做些什麼。他抬頭望向窗外，看見遠方的市政廳屋頂飄著一面美國國旗。

「就是它了，我要設計一面新的國旗！」

羅伯特想到，再過不久，阿拉斯加和夏威夷都將陸續納入美國的版圖。他應該把國旗上的四十八顆星再加上兩顆，成爲五十顆星的國旗才對。

羅伯特在紙上畫了草稿，仔細地把五十顆星的位置安排好：每行六顆星，一共五行，另外還有四行，每行五顆星。接著，他從儲藏室裡找出媽媽做衣服時用剩的布，按照原本國旗的比例，製作了一面新的國旗。

然而，歷史老師並不怎麼欣賞羅伯特的作品，他看了看那面國旗，搖著頭說：「我們的國旗上哪來五十顆星？你這樣根本只是拿國旗來開玩笑嘛！」

歷史老師只肯給羅伯特一個及格邊緣的分數。這令羅伯特感到非常氣憤，他對歷史老師說：「我認爲我的作業應該得到更好的分數，我旁邊的同學只是隨便畫了一張圖，都能得到『A』，我連實際的成品都做了出來，爲什麼只有得到這樣的分數？更何況，我做得很用心，而且還發揮了想像力呢！」

只是，這樣據理力爭的說詞並無法改變歷史老師的看法，他冷靜地對著羅伯特說：「如果你不喜歡我給你的分數，那麼把你的旗幟拿到華盛頓去，看看他們會給你怎麼樣的分數！」

不知道是賭氣還是開竅，羅伯特眞的聽從歷史老師的話，騎車去拜訪當地的議員沃爾特．莫勒先生。他把自己設計的國旗交給莫勒先生，並陳述了他設計這道國旗背後的理念。最後，他問莫勒先生：「您能把我設計的新國旗帶到首都華盛頓去嗎？如果將來要舉行爲五十個州的美利堅合衆國設計新國旗的比賽，您是否可以替我報名呢？」

面對這名高中生誠摯的要求，莫勒先生勉爲其難答應下來。

「或許，當時他只是在敷衍我而已吧。」羅伯特後來對別人講起這事的時候，總是這麼笑著說。

兩年之後，他設計的國旗受到了艾森豪總統的賞識。雖然當時參加國旗設計比賽的人多不勝數，類似的設計也有成千上萬，但是羅伯特的方案是最先交上去的，而且，他做的不僅僅是個設計圖而已，他做出了一個遠超於「A+」的完整成品，因此脫穎而出。

別人的意見固然值得參考，但是這些意見並不影響你自己的價值。如果你徹底地反省過後，依然堅持自己的想法，那麼就更努力地去讓你的想法發光發熱，更努力地去讓更多人看見你的努力吧。

一名成功人士曾說：「只要你夠堅持，你就一定能成功。」

就算別人不支持，你也要有所堅持！往往阻撓人們繼續堅持下去，失去成功契機的，並不是途中遇到的困難，而是那些你所相信的人對你的看法。你說，這是多麼的可惜啊！

專家不是樣樣精通的萬事通

「專家」這面招牌或許閃閃發亮，但是把它放到專業領域之外，也無非只是一面破銅爛鐵而已。

人們經常有的一個錯誤迷思，就是充滿權威情結，相信「德高望重的人，一定無所不知」。

這個論點看起來很荒謬，但是在我們的周遭卻有許多人奉行不悖。

也有很多人不管遇到什麼問題都喜歡問「老師」，不管「老師」精通的是歷史還是地理，反正「老師」講的話一定都沒錯。

有個人養了一百隻鵝，某天，他的鵝突然死了二十隻，於是他焦急地跑到牧師那裡，請教牧師該怎樣牧鵝。牧師知道了他的疑問以後，反問他說：「你是什麼時候放牧的？」

「上午。」這個人回答。

「哎呀！上午是個不吉利的時辰！你應該要下午放牧才對！」

這個人聽了，恍然大悟，再三謝過牧師以後，高興地回了家。

只是，第二天一早，他又再度跑到牧師那兒，沮喪地說：「牧師，我家的鵝又死了二十隻。」

「你是在哪裡放牧的？」

「小河的右岸。」

「哎呀，這就不對了！你應該要在河的左岸放牧才對。」

「喔，原來如此。感謝您對我的幫助，願上帝保佑您。」

沒想到，第三天，這個人依然再次來到牧師這裡，對牧師說：「牧師，我家昨天又死了二十隻鵝。」

牧師同樣熱心地回答了他的問題，建議他應該給鵝吃白米而不是吃玉米，應該讓牠們喝井水而不是喝河水。

只是，這個人養的鵝還是每天以同樣的速率遞減。

到了第五天早上，這個人來到教堂時，牧師正在專心地閱讀著一本厚厚的舊書。這個人一見到牧師，就抱怨道：「牧師，我家的鵝昨天又死了二十隻，我現在一隻鵝也沒有了。」

「多可惜啊！」牧師放下那本《養鵝大全》，感嘆道：「我才剛剛從書上發現幾個養鵝的新技巧，準備要告訴你呢！」

思想家德謨克利特曾經說過一句值得我們深思的話：「一切都靠一張嘴來談的人，往往是虛偽和假仁假義的。」

迷信專家就像是一個生病的人去求醫，卻不管這個醫生是獸醫還是牙醫，你說這種心態是不是很危險呢？

因此，在請教別人的意見時，我們應該要先摸清楚那個人的底。要知道，「專家」這面招牌或許閃閃發亮，但是把它放到專業領域之外，也無非只是一面破銅爛鐵而已。

專家只是某個專業領域的行家，並不是樣樣專精的萬事通。與其相信一個不專業的「專家」，不如去相信那個實事求是的自己。

知識不斷累積，才能應付不時之需

藉由小知識的匯集，可以養成我們不斷思考、不斷學習的好習慣；知識不斷累積之後，就能應付不時之需。

人們經常有的一個錯誤迷思，就是充滿慣性思考，相信「只有有用的知識才值得花時間去學」。

其實，知識不分貴賤，有的知識讓我們在工作領域中創造出更傑出的表現，有的知識讓我們在日常生活中擁有一份優雅的智慧；有的知識告訴我們如何成爲一個成功的人，有的知識僅僅教導我們如何做人。

然而，你能說，哪一種知識是比另外一種知識更加重要的嗎？

費利斯的父親出身貧寒，連小學都沒有機會讀完。

雖然他只是個在工廠工作的工人，但是他卻十分勤奮好學，因爲他在出外工作的過程中，發現社會就是一所最好的學校。不管是誰講的話，他都愛聽；無論是哪方面的書籍報紙，他都想看。他認爲，知識是很可貴的東西，最不可饒恕的事情，就是到了晚上上床的時候還像早上醒來的時候一樣無知。

爲了將這份好學的心態感染到全家，費利斯的父親希望家人每天都要學一樣新的東西，而晚飯時間正好是他們交換新知的最佳時機。

他們在餐桌上的對話通常都是這樣子的：父親隨便從孩子當中挑選一個人，問道：「告訴我，你今天學到了什麼？」

「嗯……我今天在課堂中學到了尼泊爾的人口數量……」

「嗯，那眞是太好了！」費利斯覺得很奇怪，不管他們學到的東西有多麼瑣碎，父親都還是會覺得「太好了」。

接著，父親會轉頭看看旁邊的母親，問道：「孩子的媽，妳知道尼泊爾的人口有多少嗎？」

「喔，我怎麼可能會知道？我甚至連尼泊爾在世界的哪裡都不知道！」相較於父親的聰明睿智，費利斯的母親經常大方地承認自己不懂之處。

她讓他們這個小小的聚會像是一場很輕鬆的討論，而不是嚴肅的考試。

此時，父親會看著母親，很有默契地相視而笑，然後對孩子們說：「快把地圖拿來，我們來告訴媽媽尼泊爾在哪裡！」

接下來的時光裡，他們一家人愉快地在地圖上尋找尼泊爾。費利斯當時只是個小孩子，雖然他很喜歡和爸爸媽媽相處的時光，可是他一點也不明白父親的苦心。

一直到長大以後，費利斯才發現，他的父親給了他一種最好的教育，其中最可貴的，就是他父親用行動告訴了他「不斷學習的價值」。

這也是成爲大學教授的他，現在教給學生的態度。

正所謂「書到用時方恨少」，不管知識如何細微、如何瑣碎，當它派上用場的時候，它就是重要的。

「尼泊爾的人口有多少？」這個知識看起來與我們的生活沒有太大的連結，然而，這個小問題卻可以啓發你去思考：尼泊爾在哪裡？尼泊爾人說的是哪一種話？尼泊爾和世界有什麼關係？有沒有可能把商品外銷到尼泊爾，或者從尼泊爾獲得任何有價值的事物？

更重要的是，藉由這些小知識的匯集，可以養成我們不斷思考、不斷學習的好習慣；知識不斷累積之後，就能應付不時之需。

因此，不要只去學習那些看起來很有用的東西，而要把握每一個學習的機會。有些新知看起來一點兒也不實用，但是總有一天你會知道，凡是走過的必留下痕跡，你所付出的心血永遠不會白費。

學問好，不必賣弄也知道

真正的學問，是埋藏在心底的一泓深潭，人們光看你的行為舉止就已經可以感受到你的深度，不需要你去開口「露一手」。

人們經常有的一個錯誤迷思，就是「有學問的人勢必得處處賣弄學問，否則就像錦衣夜行」。

的確，學問是一個人最寶貴的資產，但是如果必須每一句話都出口成章、引經據典才能讓別人知道你有學問，那麼你其實沒有多大的學問。

蓋圖十二歲時，被送進神學院讀書，一直到二十四歲完成學業以後，才驕傲地

學成歸故里。

他的父親爲了驗收兒子學習的成果，特地問他說：「我們要怎麼樣才能認識那位我們所見不到的神？我們要怎麼樣才知道上帝這位全能者無所不在呢？」

這個問題實在太簡單了，蓋圖開始滔滔不絕地背誦起《聖經》當中的經文，但是他只背到一半，他的父親就打斷他說：「你背的那些東西太深奧了，難道沒有更簡單的方式可以說明上帝的存在嗎？」

蓋圖回答：「爸爸，上帝的存在是多麼神聖崇高的一件事啊，這哪是簡單的三言兩語可以解釋清楚的呢？更何況，我在解釋的時候如果不多加引經據典，豈不是枉費我讀了那麼多書！」

父親聽了，不禁搖了搖頭，自言自語地抱怨道：「唉，把兒子送去讀書，眞是既浪費錢又浪費時間！」

說著，父親把蓋圖帶到廚房，在一個空杯子中裝滿水，並灑下一點鹽。然後他要兒子從那杯水中找出他剛才灑下的鹽。

「這怎麼可能呢？鹽全部都溶解在水裡了啊！」蓋圖驚呼道。

父親點點頭，「是啊，鹽全部都溶解在水裡了。那麼，你再嚐嚐杯子裡的水，看看味道如何？」

「是鹹的。」

「杯子底下的水呢？」

蓋圖喝了一口，「還是鹹的。」

「這就對了，」父親說，「既然你不能用最簡單的方式回答我上帝之所以無所不在的道理，那麼就換我來用最簡單的方式告訴你。上帝就像水裡的鹽一樣，雖不可見，卻無處不在。你讀了這麼多年書，卻連這個方法都想不出來，我看你還是低下頭來，重頭開始學起吧！」

眞正的學問，是埋藏在心底的一泓深潭，人們光看你的行爲舉止就已經可以感受到你的深度，不需要你去開口「露一手」。

眞正的學問，並不是講台上、書房裡的高深言論，而是可以與生活融合在一起

的普世智慧。

正如某位哲人所說的哲理：「偉大的學問，一定不難懂；難懂的學問，一定不偉大。」

只存在你自己心中，只有你自己才懂的學問，對這個世界來說，往往只是無用的東西。反倒是淺薄得讓人人都了解，通俗得讓人人都受益，那才是眞正有價值的學問。

7
PART

要應付變化，也要有長遠計劃

雖說計劃永遠趕不上變化，但是事先多做一點計劃可以讓我們走得比別人更穩更快，也可以讓我們走得更長更久。

成功的人不一定最高明

成功能讓人更加堅信自己的信念，失敗卻可以令人脫胎換骨。我們固然要珍惜自己擁有的成就，但更應該要珍惜失敗帶給我們的教訓。

人們經常有的一個錯誤迷思，就是相信「成功的人一定比失敗的人更高明」，但事實並非如此。

然而，人生是一場漫長的競賽。成功一次不算成功，懂得持續成功，才是眞正的成功；失敗幾次也不算失敗，失敗過後再也爬不起來，才算眞正的失敗。

某公司招聘高級主管，前來應聘的高手如雲，經過四輪評審淘汰之後，最後只

剩下六個學歷高、經歷深、證書多的人。

最後一輪面試，由老闆親自主持。只是，當面試開始的時候，主考官卻發現參加的人多了一個，台下一共有七名考生。

主考官疑惑地問道：「有不是來參加面試的人嗎？」

坐在最後面的男子起身說：「是這樣的，先生，雖然我在第一輪就被淘汰了，但是我還是希望您能給我機會參加面試。」

所有人聽到他的這番話，都不禁笑出聲來。就連站在門口爲主管倒茶的老頭也忍不住笑了起來。主考官一臉不屑地說：「你連第一關考試都沒有辦法通過了，又何必浪費時間來參加這次面試呢？」

只見那名男子正經八百地說：「因爲我掌握了別人沒有的財富，我自己本人即是一大財富。」

衆人聽了，又一次笑了開懷，都認爲這個人分明是來胡鬧搗亂的。然而，那名男子似乎沒有被在場的氣氛影響，繼續有條不紊地說：「雖然我的學歷不高，但是我有十年工作經驗，曾經在十二家公司工作過……」

「是啊，」主考官立刻插話說：「雖然你有相當多的工作資歷，但是你先後跳槽十二家公司，這可不是一件很令人欣賞的行爲。」

「先生，我並沒有跳槽，而是那十二家公司先後倒閉了。」

衆人聽了，更是笑得合不攏嘴。

一名考生忍不住接口嘲諷他說：「那些公司錄用了你，就馬上倒閉了，你還說你掌握了別人沒有的財富，難道你把你的失敗當成財富嗎？」

男子聽了這番嘲諷的話語，並沒有生氣，只是平靜地表示：「這不是我的失敗，而是那些公司的失敗。不過，我確實把這些失敗當成自己的財富。」

這時，站在門口的老頭子走上前，替主考官倒茶。

男子繼續說：「我對那十二家公司的經營模式瞭若指掌，雖然我和我同事們曾經很努力地挽救它們，但是並沒有成功，正因爲沒有成功，所以我知道了其中造成錯誤與失敗的每一個細節，並從中學到了別人學不到的東西。很多人都只是知道如何成功，但是我卻更加知道如何避免錯誤與失敗！」

男子停頓了一會兒，繼續說：「別人的成功經歷很難成爲我們的財富，但是別人的失敗過程，卻可以是我們寶貴的借鏡！這十年在十二家公司的工作經歷，培養了我敏銳的洞察力，舉個例子吧……」男子回頭看了看門口，又看了看主考官，笑著說：「眞正的考官，其實不是您，而是那位倒茶的老人……」

成功能讓人更加堅信自己的信念，但失敗卻可以令人脫胎換骨。

我們固然應該珍惜自己擁有的成就，但是更應該要珍惜失敗帶給我們的教訓。因爲，失敗比成功需要付出更大的代價，你的未來還有許多成功的機會，但是卻很可能承受不了再一次的失敗。

成功很可能是一時的運氣，失敗卻是不折不扣的事實；成功的因素很難準確地解讀，失敗的原因卻可以抽絲剝繭。失敗是人生最昂貴的資產，成功的人不一定可以告訴你要怎麼樣做才能成功，但是失敗過的人卻一定可以告訴你，要怎麼樣才不會重蹈他的覆轍。

先冷靜觀察客觀環境

做事固然需要具備熱情，但是千萬不要只是一頭熱而已。準備滿腔熱血地去衝、去闖、去拼命之前，應該先讓腦袋冷靜下來。

人們經常有的一個錯誤迷思，就是相信「只要肯用心、肯努力，就一定會成功」，忽略了冷靜地觀察客觀的環境。

的確，努力一定會有結果，但是不一定就是好的結果。如果你沒有掌握好努力的方向，你的付出便不見得會有等值的回報。

有個負責推銷吸塵器的推銷員，爲了創造傲人的業績，想出了一個前所未有的

嶄新方法來進行推銷。

他帶著產品來到一戶人家按門鈴，等到對方一開門，他二話不說就直接進入屋內，把預先準備好的一桶牛糞灑個滿地。接著，推銷員在女主人一臉錯愕的神情下，自信滿滿地解釋說：「這位女士，您不用擔心，我保證以我們公司吸塵器的優越性能，絕對可以在五分鐘之內，把這些牛糞徹底清除乾淨，若是做不到的話，我願意把這些牛糞全部吃下去！」

推銷員說到這裡，停了下來，準備迎接客戶表示好奇的反應。

根據他多年的銷售經驗，只要售貨員的銷售技巧可以引起客戶的好奇，那麼就絕對有辦法可以令客戶信服地掏出荷包。

然而，眼前的這名女主人似乎對他的話沒有表示多大的興趣，只是不發一語，轉身走進廚房。推銷員見狀，立即緊張地追著女主人問：「怎麼了？難道您沒有興趣見識一下我們公司吸塵器的超強功能嗎？」

「嗯，比起吸塵器，我更想要知道你吃那堆牛糞的時候，想要加上哪一種調味料？」女主人說著，搖了搖手中的醬油和番茄醬。

推銷員更加疑惑了，慌忙地說：「我根本還沒有開始操作吸塵器，您怎麼知道我無法在五分鐘之內把那些牛糞清除乾淨呢？」

「我當然知道啦，」女主人笑了笑：「有一件事情我還來不及在你灑牛糞之前告訴你，就是我們今天才剛剛搬進來，這屋子根本還沒有電，我想，就算你的吸塵器功能再強，恐怕也沒有辦法在不插電的情況下運作吧。」

現實生活中，我們最常見到的失敗狀況，就是只充滿熱情卻不夠冷靜，一味埋首於自己編織出來的幻想中，一廂情願地埋頭苦幹，卻忽略了外在環境的限制與變化，導致長期以來的努力全都付諸流水。

做事固然需要具備熱情，但是千萬不要只是一頭熱而已。準備滿腔熱血地去衝、去闖、去拼命之前，應該先讓腦袋冷靜下來，先掌握好周遭的局勢，才可以奮不顧身地勇往直前。

著眼小事，成不了大事

生活中的小事那麼多，並不是每件事都值得我們兢兢業業面對，一味投注所有心力去做每一件小事，只會讓自己成不了大事。

人們經常有的一個錯誤迷思，就是相信「專注才能成事」。

正是抱持著這樣的心理，很多人整天緊張兮兮，不但把自己搞得疲累不堪，也無法迎接重大挑戰。

專注自然能成大事，但是對於一些小事，我們其實不需要太專注，太專注只會讓自己患得患失，最後錯誤百出。

一名小工人被工廠裡的廚師要求下山去買食用油，臨走之前，廚師交給他一個大碗，警告他說：「我們工廠最近財務吃緊，你要小心點，絕對不可以把碗裡的油灑出來，要不然那些錢就浪費了。」

小工人到山腳下買了廚師指定的油，回程的路上，小工人戰戰兢兢地捧著那只碗，兩眼直盯著那碗油看，連走快一點都不敢。

但是，很不幸的，就在他快要走到工廠門口時，不小心踩到了路上的一處水坑，整個人踉蹌了一下。那碗油雖然沒有打翻，但是卻灑掉了三分之一。

小工人非常懊惱，也很擔心會被廚師責罵，越想越緊張，手一滑，碗裡的油又灑了出來，等到他把那只碗交到廚師手上時，碗裡只剩一半的油了。

想當然爾，廚師非常生氣，指著小工人的鼻子痛罵了一頓。小工人被罵完之後，難過地坐在角落哭了起來。

旁邊的一名老工人見狀，急忙跑過來安慰小工人。了解事情的經過以後，老工人從口袋裡掏出幾枚銅板，對小工人說：「做錯事情沒有關係，最重要的是要知道自己哪裡做錯。現在，我再給你一次機會，請你下山去幫我買油，不過，我要你回來以後告訴我，在你回來的途中，沿途看到了什麼。」

「哇，這豈不是強人所難嗎？我連專心端一碗油都端不好了，怎麼可能還一邊端油，一邊觀看周圍的風景呢？」小工人抱怨道。

老工人聽了，沉下臉，催促他：「別囉嗦，你不試試又怎麼知道呢？」

小工人只好照著老工人吩咐，勉強上路了。

回來的途中，小工人一面端油，一面觀賞四周的風景，發現這條路上的景緻原來十分美麗，不僅遠處可以看見雄偉的山峰，還有許多農婦在山上採茶，就連平時覺得很普通的藍天白雲，現在看起來都別有一番風情。

他還沒把這些美景看夠，不知不覺就已經回到工廠了。至於他手裡的油，依然還是滿滿一碗，一滴也沒有灑出來。

過於執著，在小事上下太多功夫，只會把自己弄得神經緊繃、草木皆兵，反而增加了出錯的機率。相反的，如果可以讓自己保持愉悅的心情，以輕鬆的心情去做

那些小事情，即使沒有辦法做到百分之百滿意的程度，至少也不會讓自己覺得疲累不堪。

事實上，生活中的小事那麼多，並不是每件事都值得我們兢兢業業面對，一味投注所有心力去做每一件小事，只會讓自己成不了大事。

不如換一種心情，看淡得失，把小事當作只是一件順手完成的事，自然可以順利地解決更多的小事和大事。

沉著以對好過自吹自擂

太過樂觀的後果，是我們必須獨自去面對不樂觀的結果，甚至還會為了顧全面子，而必須獨自扛下所有的責任。

人們經常有的一個錯誤迷思，就是相信：「打雷了，還怕不下雨嗎？」

正因爲抱著這樣十拿九穩的想法，我們難免會對「雷聲大，雨點小」或「光打雷，不下雨」的結果感到失望，失望之餘，甚至還必須忍受周遭人士各式各樣的嘲諷和教訓。

小約翰和叔叔一起去釣魚。經驗老到的叔叔知道哪裡會聚集最多的魚，因此特

地把約翰安排在最好的釣魚位置上。

約翰模仿別人釣魚的樣子，甩出釣魚線，拋進水裡，等候魚兒前來吞食。只是，好一陣子過去了，什麼動靜也沒有，約翰不禁感到有些失望。

「沒關係，再試試看。」叔叔在一旁鼓勵他。

果眞，水面上的浮標晃動了一下，約翰猛力一拉，不料卻扯出了一團水草。

他再度失望地嘆了一口氣。

「再試一次，」叔叔說：「釣魚的人要有耐心才行。」

約翰再度把釣線丟進水裡，不一會兒，好像有什麼東西在拽約翰的釣線，他猛力一拉魚竿，果然有一條小魚上鉤了！

「叔叔，叔叔！」約翰興奮地大叫：「我釣到了一條魚！」

「還不算呢。」叔叔平靜地說。他的話還沒講完，那條小魚就像聽得懂人話似的，用力一跳，掙脫了釣鉤，像箭一般地鑽回了河裡。

這一回，小約翰的感覺不只是失望而已。眼看著自己功虧一簣，到手的小魚就這樣飛了，他沮喪地一屁股坐在石頭上，不肯再試了。

「不行，不能放棄，」叔叔把釣竿交到他手上，語重心長地對他說：「你釣得很好，就是壞在太過心急，記住，在魚兒被你拉上岸之前，千萬別吹噓說你釣到了魚。不只是你，很多大人都曾經犯了相同的錯。在事情辦成之前，你再怎麼自吹自擂都沒有用。等到事情眞正完成了，不用你說，別人也會看得見成果，所以不管在任何情況下，都千萬不能誇耀自己，知道嗎？」

太過樂觀的後果，是我們必須獨自去面對不樂觀的結果，甚至還會爲了顧全面子，必須獨自扛下所有的責任。

因此，太心急、太狂妄對自己並沒有好處。凡事沉著以對，才能令自己永遠處於遊刃有餘的境地。在還沒看見結果之前，不要妄加預測結果。因爲，你說中了不會有人稱讚你，萬一你說錯了，別人卻一定會把你當成笑話看！

要應付變化，也要有長遠計劃

雖說計劃永遠趕不上變化，但是事先多做一點計劃可以讓我們走得比別人更穩更快，也可以讓我們走得更長更久。

人們經常有的一個錯誤迷思，就是欠缺長遠打算，相信「急難當頭，過了眼前這一關再說」。

這樣的想法或許可以給人很大的勇氣，或是讓人急中生智想出權宜之計，但是，如果久缺全盤考量，得過且過的想法也很可能會讓人陷入更大的困境。

有個住在山裡的人拉著滿滿一牛車的原木要到城裡去賣。

途中，他經過了一條足足有一丈寬的河流。這條河裡既沒有橋也沒有船，河裡的水又深又急，應該要怎麼過河才好呢？

這個人原本想要打道回府，但是想想家裡還有嬰孩嗷嗷待哺，若是他不能把這些原木運到城裡去賣掉，一家人恐怕都要等著喝西北風了！

不行，他不能就這麼放棄！辦法是人想出來的，他一定得想想辦法才行！

這個人坐在河邊想了老半天，終於，他想出了一個好辦法來。

只見他從牛車上卸下原木，把一根根木頭用繩子繫緊，橫跨在河的兩岸。

瞧，這不就是一座現成的橋了嗎？待他趕著空車順利過河之後，他再把搭在河岸上的木頭重新放回車上。

就這樣，他順利地把木頭運到了城裡，賣得很好的價錢。一直到天黑了，他才高高興興地趕著空車回家。

回家的路上，他再次經過了那一條河，在皎潔的月光下，河裡的水依然又深又急。只是這一次，他沒有了木頭，他要怎麼樣才能過河回家呢？

眼前的難關當然得設法度過，但是，不管在什麼樣的情況下，我們都應該把事情想得更深遠。

這一關過了，還有下一關；想好了下一步，還得想好接下來該怎麼前進。雖說計劃永遠趕不上變化，但是事先多做一點計劃可以讓我們走得比別人更穩更快，也可以讓我們走得更長更久。

事先做好計劃，才有更充裕的時間和心力應付變化。走一步算一步的人，只能掌握今天。只有還沒有走這一步就已經想好下一步的人，才能笑看明天。

小錯指正嚴格，大錯不亂苛責

採用「小錯大罰，大錯小罰」的態度，趁著錯誤還未擴大之前便極力糾正，絕對好過等到犯了大錯才來興師問罪。

人們經常有的一個錯誤迷思，就是相信合情合理的領導管理應該「小錯小罰，大錯大罰」。

事實上，這種想法只會讓小錯不斷擴大，到最後變成難以收拾的大錯。

很多人都覺得小事情做錯沒有關係，反正不會造成太大的影響，但他們卻忽略了小地方的錯誤可能意味著一種警訊，如果因爲事小而不去追究，很可能就會繼續延燒成無可彌補的大錯。

在這家公司裡，總經理是出了名的壞脾氣，只要員工犯了一點小錯，他就會大發雷霆，就連帳簿上有了幾毛錢的出入，他都會不惜花上好幾個小時的時間來訓話。在公司裡，只要聽到總經理的名諱，沒有一個人不聞風變色。

然而，今天可不只是風雲變色這麼簡單了，恐怕連天都快要塌下來了！因為，小王在和一家重要客戶談判時出了大錯，造成公司好幾千萬的損失。

十分鐘以前，小王才剛剛被叫進總經理的辦公室去，所有人都豎起了耳朵，睜大了眼睛，準備好要看看死定了的小王將會是怎麼個死法！

沒想到，就在這個時候，小王居然毫髮無傷、好端端地走出來了。

他慢條斯理地回到自己的座位上，難道是準備好要捲鋪蓋走路嗎？

然而，出乎大家的意料之外，小王不但沒有開始收拾家當，反而還坐了下來，對著電腦繼續埋頭苦幹。

總經理偶爾也會出來看看，特地繞到小王的身旁，卻沒有發火罵人，反而一反

常態地輕聲細語，還不時拍拍小王的肩膀表示慰勞之意。

眞是怪了！難道這正是所謂「暴風雨前的寧靜」嗎？

只是，這場預料中的暴風雨似乎遲遲沒有降臨。因爲在小王花了幾天幾夜找出錯誤的地方之後，失去的客戶居然挽回了。

在大家歡天喜地舉辦慶功宴時，總經理總算針對這件事做了一些評論。他對大家說：「你們一定覺得奇怪，平時一點小事，我就發脾氣，但是小王出了這麼大的紕漏，我卻反倒不生氣。其實，我在小事情上動怒，是爲了要你們養成隨時警惕的習慣，以免犯上更大的錯誤。等到眞的出了大錯時，你們自己已經十分緊張與自責了，哪還需要我去指責你們呢？」

總經理接著說：「公司出了錯，不光只是你們的事，身爲主管的我，也需要負起很大的責任。既然我們全都受了傷，哪裡有受傷的人再去打受傷的人呢？我們應該做的，是冷靜下來，找出對策，大家一起共度難關。」

總經理說完，舉起手中的杯子，向全體員工致敬。

不管是父母教育孩子，或是上司管理下屬，都應該改變想法，採用「小錯大罰，大錯小罰」的態度，趁著錯誤還未擴大之前便極力糾正，絕對好過等到犯了大錯才來興師問罪。

因爲，出現重大錯誤之時，無論犯錯的人如何痛改前非、徹悟懺悔，錯誤畢竟都已經造成了，不是嗎？

而且，最後悔的那個人或許不是別人，正是你，誰教你沒有在對方犯小錯的時候讓他知錯，現在捅出了大婁子才來追究，有用嗎？

要順應時勢，但別做糟蹋自己的事

做人當然要順應時勢，但別做糟蹋自己的事。不管走到哪裡，不管遭遇何種處境，都不能輕易放棄自己的原則和尊嚴。

人們經常有的一個錯誤迷思，就是相信「識時務者爲俊傑」。

然而，當俊傑未必是人生最重要的事，所謂「識時務」也只是見仁見智，比起是否能夠成爲俊傑，能不能抬頭挺胸地做爲一個「人」，那才是更重要的事。因爲時勢所逼而捨尊嚴，只是糟蹋自己、放棄自己。

小龍的母親在他很小的時候就去世了。十歲那一年，爸爸帶了一個女人回家，要小龍喊她「媽媽」。

小龍說什麼也不肯，因爲他的媽媽只有一個，他心目中的媽媽，是沒有任何人可以取代的。然而，小學畢業的那一年，一件事情改變了他的看法。

那是在他偷摘鄰居樹上的蘋果，被主人給逮著了的時候。

蘋果樹的主人是個看起來很嚴肅的老伯伯，對小龍說：「今天我不打你也不罵你，我只要你給我跪在這裡，一直跪到你父母來領人爲止。」

小龍聽見對方要自己跪下，心裡很不情願。但是看見老伯伯一臉憤怒的表情，還是決定識時務者爲俊傑，乖乖地跪了下來。

就在這個時候，他的繼母看到了這個畫面，二話不說立刻就衝過來，把小龍從地上「拎」了起來。

然後，她對鄰居的老伯伯生氣地說：「你未免太過分了，怎麼可以這樣對一個孩子呢？」

小龍原本還以爲這是繼母爲了討好他，才一味地維護他，不讓鄰居懲罰他。

沒想到回到家以後，一向性情溫和的繼母居然拿出籐條來，對著小龍的屁股狠

狠地抽了幾下，心痛地對他說：「你偷人家蘋果我不會打你，因爲我知道你只是頑皮而已。但是，別人要你跪下，你就眞的跪下！你怎麼可以這麼沒有骨氣呢？一個不顧自己人格尊嚴的人，將來還怎麼做人？怎麼做事？」

繼母說到這裡，激動得哭了起來。

小龍從來沒有想過這個世界上居然有人比他自己還要看重他，比他自己還要在乎他以及他的人格，就好像……就好像是他的親媽媽一樣……

突然間，小龍轉身抱住了繼母的臂膀，哭著說：「媽，我知道錯了。」

人生就是不斷選擇的歷程，抉擇決定了每個人的人生。

如果抉擇是無可避免的，那麼，遇到緊急狀況，或是走到人生的十字路口，最應該做的一件事，無疑是平心靜氣思索自己究竟想成爲什麼樣的人，而不是一味要求自己「識時務」。

別人可以侮辱你的人格，可以不顧你的尊嚴，但是你自己千萬不可以看輕自己。

若是連你都不尊重自己了，那麼你還有哪一點值得讓人尊重？

一個不被人尊重的人，就算某朝飛上了枝頭，也依舊只是隻無法散發懾人光芒的麻雀。

做人當然要懂得靈活應變，要順應時勢，但別做糟蹋自己的事。不管走到哪裡，不管遭遇何種處境，都不能輕易放棄自己的原則和尊嚴。

因爲，那是我們一直活到現在的理由，也是我們今後繼續在這個社會上活下去的動力。

才華滿腹更要努力付出

不管是多麼有才華的人，如果缺乏了持續的努力，他的才華也終究無法展現而逐漸隱沒。

人們經常有的一個錯誤迷思，就是相信「才氣是天生的，後天的努力並沒有多大的幫助」。

事實上，具有才華並不能保證一定能夠成功或是受到大衆的肯定與注目，唯有努力，才能讓一個有才華的人繼續進步與展現。

加拿大著名攝影家約瑟夫．卡希，被人們譽爲攝影大師。

在卡希的一生中，曾經為一萬五千多名有成就的人物拍過相，作品以傳神聞名於世，但是你知道他是如何拍下那一幅幅既傳神又動人的照片的嗎？

一次，英國首相邱吉爾到加拿大訪問，卡希請求他的朋友，也就是加拿大總理讓他有機會為邱吉爾拍一張照片，總理答應了他的請求。

拍照的前一天晚上，卡希徹夜未眠，一直在思索著，要怎麼樣才能拍下邱吉爾最眞實的模樣。

第二天，卡希在總理的安排下來到邱吉爾面前，打開了相機的閃光燈。

他向邱吉爾一鞠躬，然後說：「閣下，我希望替您拍一張照片以紀念這次歷史性的盛會。」

邱吉爾正叼著一根雪茄，嚴厲地問：「為什麼沒有事先告知我？」

不過，幸好他最後還是同意了卡希的請求。

卡希擺設好相機，準備按下快門，但是，突然間他改變了主意，快步走向邱吉爾，說道：「對不起，閣下！」話還沒說完，他就伸手把邱吉爾叼在嘴上的雪茄扯了下來。

邱吉爾頓時皺起眉頭，勃然大怒，但是他還沒來得及開口罵人，就聽見「卡嚓」一聲，鎂光燈閃動，卡希拍下了一張後來聞名於世的照片。

他拍攝這張傑作，前後只花了兩分鐘的時間。

畫面中的邱吉爾一手拄著枴杖，一手插在腰間，怒容滿面，氣勢逼人，昂然挺立，不屈不撓，最能代表英國戰時的精神。

全世界有七個國家在郵票上印上了這張照片，也有人說這是攝影史上流傳最廣的一張照片，卡希因此名揚四海，生意絡繹不絕。

然而，他在攝影的前一天晚上仍舊一如往常地睡不著覺，他得在拍攝進行之前，好好地根據人物的性格設計拍攝的節奏才行。奇怪的是，他夜裡失眠的時間越久，拍出來的照片就越好。

看來，一個人的成功果眞不是偶然的，即使是天才也是如此。

放眼望去，活躍於當代藝術界的成功人士，大多數都是自小便才華洋溢，似乎

天生注定是吃這一行飯。

然而，這只是表面現象，在我們看不見的角落，不知有多少不知努力而被淘汰的天才。不管是多麼有才華的人，如果缺乏了持續的努力，天才的才華也終究無法展現而逐漸隱沒。

因此，我們不應該憑恃自己天生的才華而恃才傲物、志得意滿，相反的，正因爲我們有與生俱來的才華，所以更應該加倍努力，讓自己表現得比那些沒才華卻很努力的人還要出色，否則，豈不是辜負了上天賜予的天賦嗎？

8
PART

累積實力，才能增強競爭力

日新月異的時代，我們需要更敏銳的觀察力，以及不斷充實自己、主動學習的心，才能加強自己的競爭力，持續向前邁進。

鬆懈是最致命的武器

一個人若長期處於安逸的環境，身心鬆懈久了，心志也會跟著縮小。因此，即使生活無虞，也要保持每天勞動的生活。

北極熊是陸地上掠食性最強的肉食動物之一，可是愛斯基摩人卻有一種不費吹灰之力，就可以輕鬆捕捉北極熊的方法。

他們將一枝用海豹血做成的血冰棒插在雪地裡，並在凝固的血冰中放一把雙刃匕首。被血腥味引來的北極熊開始舔起血冰棒，因爲冰冷舌頭漸漸麻痺，導致舌頭被鋒利的匕首劃破後仍毫無知覺。

最後，北極熊因失血過多，休克暈厥了。愛斯基摩人就現身將北極熊帶走，再將牠料理成桌上佳餚。

受血冰吸引的北極熊，因爲舌頭麻痺而喪失警覺心，最後丟掉性命。由此可見，要對付敵人的最好方法，並不是把他折磨得死去活來，反而要反其道而行，先讓他嚐盡甜頭、鬆懈警覺心，失去求進步的意志力。這樣，即使一個再勇猛的壯士，也會成爲跪地求饒的弱者。

森林裡有很多種動物，其中有一種長得小巧靈活、善於爬樹的猴類，名字叫做「猱」。猱跟老虎交情不錯，常在牠身旁跟前跟後，如此一來，自然也沒有動物敢欺負猱。

猱的爪子又尖又利，只要老虎的頭皮一發癢，就會叫猱爬到自己的腦袋瓜上抓癢。每一次，老虎總是舒舒服服地閉上眼睛，享受猱爲牠搔癢。連猱慢慢地在牠的後腦勺抓出個窟窿，也完全沒感覺。

猱就這樣悄悄地把爪子伸進窟窿裡，掏出老虎的腦漿來吃。吃剩了，猱便塞到老虎的嘴裡去，討好地說：「大王，我弄到一些好吃的東西，不敢私下獨吞，特將它奉獻給您！」

老虎吃了，覺得味道很好，稱讚猱說：「你對我這麼忠心，眞不枉費我信任你啊。」

就這樣，老虎的腦漿就一點一滴被猱掏淨吃空。

有一天，老虎的頭痛得不得了，在地上不停地打滾。直到牠用腳掌往頭上一抱，才發現頭上多了一個大窟窿，氣得就要找猱算帳。猱一見老虎來了，立即逃到大樹上。老虎又痛又氣，猛吼猛跳，最後就倒地死了。

雖然喪失警覺心，讓人趁虛而入是失敗的原因之一，但卻不是主因。一個人若長期處於安逸的環境，身心鬆懈久了，心志也會跟著縮小。

因爲不再求進步，跟現實社會愈來愈脫節，即使日後想跨出一步，也會因爲內心和外在的壓力而備感沉重。於是，愈不敢出去，愈走不出去，最後只能將自己關在小小的房間裡，望著窗外的世界做白日夢。

現代的失業率這麼高，除了經濟不景氣的因素之外，更多是「心」的問題，尤其是有家裡撐腰、不怕餓死的人最爲嚴重。

雖然失業在家剛開始一定會有壓力，可是過慣了茶來伸手、飯來張口的日子，就會讓人產生惰性，只想享樂，不想勞動。

若是不工作，只要活得下去也無所謂；但是若不工作也不替自己的生活做任何安排，就是虛度生命了。

別讓自己走向北極熊和老虎的下場。陸地上最兇猛的動物，卻是如此好對付，這是由於「鬆懈」就是恐怖的致命武器。因此，別讓自己的身心因爲安逸而萎縮了，即使生活無虞，也要保持每天勞動的生活。

與其一味模仿，不如多動點腦

想要擁有比別人更多的競爭力，就必須擁有他人所沒有的能力。與其一味模仿，不如多動點腦、多用點心。

一道數學題目可以用兩種方式解決，一種是直接套公式計算，另一種則是從原理解析，了解爲何要這樣演練。使用第一種解法的人，可能在問題換個形式、設個陷阱之後，就會束手無策；而懂得第二種解法的人，對於各式各樣的問題，都有辦法迎刃而解。

現今的社會，只想套公式的情況太多了。不僅僅在教育上如此，商場上、職場上也處處可見這類情況。

會與不會的差別，不在於答案正確與否，而是對過程的了解。一件大家都能做的事，不一定人人能做好，有時候懂得多，不如懂得徹底。

著名科學家愛因斯坦在研究「相對論」期間，經常去各大學進行關於「相對論」的演講。

一天，司機在前往會場的途中對他說：「你這篇演講稿，我聽了不下三十次，都可以倒背如流了。」

「既然如此，我就給你一次機會吧。」停了一會兒，愛因斯坦接著說：「接下來要去的這所學校，人們還不認識我。到了那兒之後，我們互換身分，你用我的名字自我介紹，代替我上去演講吧。」

司機果然發表了一場非常精采的「相對論」演說，當他正要離開時，一位教授攔住他，向他提出了一個充滿數學公式的複雜問題。

司機當然不會，但是他十分鎮定地思忖了一會兒，對教授說：「這個問題的答案實在太簡單了，你居然提這麼簡單的問題，眞使我感到驚訝。爲了證實這問題是多麼簡單，我可以叫我的司機來回答。」

福特公司有一台大型機器故障，公司裡所有工程師花了兩三個月的時間，仍然找不出哪裡有問題。不得已的情況下，只好請專家斯泰因梅茨前來處理。

敬業的斯泰因梅茨在這台大型機器旁邊搭了帳篷，整整檢查了兩個晝夜，仔細地聆聽機器發出的聲音，反覆進行各種計算，最後還爬上梯子，上上下下測量了一番。

第三天，他用粉筆在這台機器的某個地方劃了條線做記號，對福特公司的經理說：「打開機殼，把做記號地方的線圈減少十六圈，故障就可排除了。」

工程師們半信半疑地照辦，結果機器正常運轉，每個人都大爲佩服。

事後，斯泰因梅茨向福特公司索取了一萬美金的修理費。

眼紅的人見了，嫉妒地說：「畫一條線就要一萬美金，這簡直是勒索。」

斯泰因梅茨聽到了，微笑地提筆在付款單上寫道：「用粉筆畫一條線，一美元；知道在哪裡畫線，九千九百九十九美元！」

愛因斯坦的司機雖然有辦法發表精采的「相對論」，卻無法做進一步的解答；斯泰因梅茨對於機器的了解，不僅是表面的維修，更能找到問題的癥結點。

賣創意、賣技術，已經成爲時代的趨勢。如果沒有比別人特殊的地方，就無法勝出。如同早期興盛的美工排版印刷業已日漸沒落，因爲電腦的普及，軟體使用簡便化，人人都可以自己動手設計。因此，能生存下來的，都是專業、有風格、具美感的設計，才足以滿足客戶的需求。

我們也常見到許多食品風靡一時，一堆後知後覺的人想分一杯羹，紛紛開設同樣的店，然而最終眞正賺到錢的，只有開創者或能變化出不同花樣的人。

想要擁有比別人更多的競爭力，就必須擁有他人所沒有的能力。與其一味模仿，不如多動點腦、多用點心，開發一塊屬於自己的處女地。

主動出擊，才能搶得先機

愛情和事業的成功道理均同，只要你用心，比別人更勤奮不懈，再冷若冰霜的人都會被你感動。

生活中，有許多道理都是相通的，例如愛情的執著力量適用於工作之中，而努力不懈的工作態度，也可以用在你追求愛情的行動上！

只要用心，愛情會開花，事業也會有好結果。

班哲明是個工程師，雖然內心很希望有個女孩相伴，但心思還是比較偏重於工作上。

這天，他一進公司便聽見：「星期六有位美女要來啊！聽說，她是老闆娘的妹妹，年輕、單身、美麗。」

有人拿到一張她的照片，每個人一看見那張照片，都不禁發出讚嘆聲，班哲明忍不住搖了搖頭，笑他們的愚昧。

「你看一下啦！你看了之後，給我們一些意見，或者告訴我們你對她沒興趣。」

不管同事們怎麼慫恿，班哲明還是搖搖頭走開了。

這些男人不管班哲明，紛紛開始討論要如何贏得佳人的青睞。

星期五傍晚，當其他人認眞地打扮自己時，班哲明則悠閒地坐在椅子上看書。

忽然，他看見地上有個東西，不經意地撿了起來。

「原來是那個女孩！」

班哲明看到照片時也動心了，因爲照片上的女孩眞的很迷人，很難不對她動心，忽然間，他意識到一件事：「這裡還有一大票勁敵。」

於是，他靜靜地提起了背包，奔出門口。

第二天清早，許多男人們都聚集在火車站前，當然，女孩的家人也到那兒接她。

當女孩踏入月台時，所有追求者都發出了一聲嘆息，因爲，她比照片更漂亮，但很快的他們即陷入絕望中，因爲，一個男子親密地扶著她的手，不時與她低語，那個男子正是班哲明。

朋友事後問他：「你怎麼辦到的？」

班哲明笑著說：「如果要她注意到我，我就得先到她那兒去！所以，我走到前一站搭車，並在車上先自我介紹，我告訴她，我是迎接她來到新公司的歡迎團員之一。」

有人懷疑地問：「車站離這兒有三十公里，你該不會走了三十公里的路，那得走一整夜啊！」

班哲明點了點頭：「是一整夜沒錯！」

美國作家巴斯卡．里雅在《愛和生活》裡說：「人的潛能是無窮的，人的發展也是沒有止境的，每一個人天生都是偉大的創造者。」

是的，不管在事業上或愛情上，每個人都要善用自己的潛能，讓它發揮更積極、更澎湃的創造力量！

班哲明被照片中的佳人深深地吸引住時，並沒有跟著大家在鏡子前仔細打扮，而是提早一步，用行動積極爭取他的美麗佳人。

這也難怪班哲明成功地獲得佳人青睞，如果遇到這種狀況的人是你，你會怎麼捉住你的愛情？

愛情和事業的成功道理均同，只要你用心，比別人更勤奮不懈，再冷若冰霜的人都會被你感動；即使情敵再多，只要你情意眞誠，時間仍然會把愛人的心帶到你身邊。

不怕冒險才能開拓眼界

勇敢接受挑戰。別讓自己只能每天透過玻璃看著外面的世界，卻無法感受一點點自由的空氣。

在大海裡游泳時，向遠方的地平線靠得更進，就代表回來的路程必須更賣力，但是會更有機會見識到大海的遼闊。

一般而言，具有冒險性的工作，風險相當高，大部分的人不敢輕易嘗試，因爲擔心失敗、害怕跌倒，更不願面對不如預期的結果；但相對的，一旦完成這類工作，多半能獲得較一般工作多出數倍的報酬。

選擇保險做法並非壞事，但是要想獲得某些收穫，必定得付出相對的代價。別害怕跌得太重，只有爬得高的人才有機會往下跌；在每一次的錯誤中學習經驗，經歷過這樣的過程，成功的機會也會相對增加。

有個商人剛做完一趟生意，帶著滿滿的荷包上船，準備渡海回家鄉。他滿心歡喜地站在船邊，觀賞著遼闊的大海。誰知一個不小心，放在懷裡的荷包突然「撲通」一聲，掉進水裡。

他慌忙叫船主停船，設法把這筆鉅款撈上來。船長望著深不見底的大海，一時也不知道該如何是好。

商人難過地大哭，心想難道他所有的積蓄就這樣全沒了嗎？旁邊的乘客見狀紛紛前來關心，大家都很同情商人的遭遇，就一起商量該怎麼辦才能拿回這筆錢。

突然，一位乘客大叫：「有了！我有一個巨大的玻璃瓶，可以把你平安地送到海底去。」說著立即解開一個大包裹，取出一只特大的玻璃瓶。

他叫商人爬進裡面，然後眾人七手八腳地將一根長長的纜繩繫住瓶頸，再慢慢地將玻璃瓶放進海裡。

過了一會，船上的人問：「沉到海底了嗎？」

商人在海底答道：「到啦！到啦！」

船上的人又問：「怎麼樣？看到了錢沒有？」

商人說：「看到啦！看到啦！」

當大家正鬆了一口氣時，不料海底那個商人卻喊道：「看是看到啦，可是無法伸手去拿呀！」

成功往往差的是臨門一腳，許多人卻選擇放棄那一腳。許多努力爲夢想鋪路的人，早已做足了萬全的準備，可是到最後關頭卻無法付諸行動，可能是因爲風險太大或者沒有毅力，讓前面的努力白白浪費了。

商人爲了拾回一生的心血，都已冒險進入海中，卻沒有離開瓶口的勇氣，一生的心血最終是可望而不可及。

有機會接下難度較高的工作，就千萬別放棄，勇敢接受挑戰。

別讓自己成為「櫥窗族」的一員，只能每天透過玻璃看著外面的世界，卻無法感受一點點自由的空氣。就像放在玻璃瓶裡的船隻模型，再怎麼華麗壯觀，也無法游向大海。

別到了最後關頭，卻因為害怕承擔後果而緊急煞車。去冒險吧！只有跨出去的人，才能發現外界的迷人之處，才能擁有自己的天空。

在不同之中尋找認同

每一個人都有自己的慾望和嗜好，若能有效掌握這些不同的地方，必將享有一個精采萬分的人生。

在一個班級裡，有兩個同樣調皮搗蛋的孩子，但若光用同一套方法來應付，是無法發揮同樣效果的，必須要了解他們行爲背後的原因，才能對症下藥。

A君是個常被忽略的小孩，大吵大鬧的原因，是希望能得到多一點的關懷；B君則天生好動，自信又活潑，是班上的搗蛋鬼。面對這情況，經驗豐富的老師就會採取不同的方法解決。

對於A君，老師時常私底下約談，多多給予關懷和鼓勵，並不定時在全班面前誇獎他的優點，也常請他幫些小忙，例如負責跑跑腿之類的任務，讓他感覺自己的存在是很有價值的。

至於B君，老師則請他擔任班上的領導人物，例如班長或風紀股長。一方面利用他的影響力來帶領班級，另一方面擔任重任的他，對自己也會有所約束，同時還可以滿足他表現自我的慾望。

只要用對方法，便讓班上少了兩個小麻煩，多了兩枚寶貝蛋。

雖然美國是志願兵制，卻不擔心缺乏兵源。原來，美國軍方早在第一次世界大戰時就請心理學家想好了一番撫慰人心的話，這種招兵詞比講大道理還有用。他們是這樣勸人當兵的：

如果打的是傳統式戰爭，不用擔心你當了兵就一定會死。

當了兵有兩種可能，一個是留在後方，一個是送到前線，如果留在後方，當然就沒有什麼好擔心的。

送到前線又有兩種可能，一個是受傷，一個是沒受傷，沒有受傷就不用擔心。

受傷的話也有兩個可能，一個是輕傷，一個是重傷，輕傷並不必擔心。重傷的話也有兩個可能，一個是能治好的，一個是治不好的，能治好的更不必擔心。治不好的話也有兩個結果，一個不會死，一個會死。

不會死當然不用擔心，會死的話……都已經死了，還有什麼好擔心的？

有一艘船坐滿了來自不同國家的商人，一起分享從商的經驗。突然，船底破了一個洞，海水不斷湧進，再不離開船就要沉了。船長於是命令大副：「去告訴所有乘客穿上救生衣跳到海裡。」

其他乘客都已經往海裡跳了，就只有搞不清楚狀況的商人們不肯照指示去做，大副爲難地向船長報告情況。

「你來接管這裡，我過去看看。」船長說完就朝商人走去。

過沒多久船長回來了，商人們也一個個往海裡跳。

「您是怎樣讓他們願意跳海的？」大副驚訝地問道。

「我運用了心理學裡頭的說服技巧。我對英國人說，這是一項體育鍛鍊，於是他就跳下去了。對法國人說，這是一件很瀟灑的事；對德國人說，這是命令；對義大利人說，這不是被基督禁止的；對蘇聯人說，這是革命行動……他們聽完，就一個個往下跳了。」

「那您是怎麼讓美國人跳下去的呢？」

「我對他說，他是保過險的。」

紐約著名律師列脫爾頓曾經這麼說過：「當我們的說詞無法使交談的對象感到興趣，或不能說服他們的時候，這大概是因為我們不能從對方的觀點去考慮這個問題的緣故。」

上戰場最大的恐懼就是死亡，既然這是個大家心知肚明的實情，就不該刻意掩飾。況且，如果死亡已經是最後的選擇，那麼死亡也就沒什麼好擔心的了。抱著這樣的想法，反而能讓人坦然面對上戰場的心理障礙。

至於不同國籍、不同風俗習慣的商人們，所在意的事情自然也不同。能洞悉他

們的眞實意志，就可以藉由這個「要點」一一擊破對方心防，突破內心的障礙，讓他們順著自己的「心意」，所作所爲都符合自己的希望。

每一個人，不管是男人或女人、老的或少的，都有自己的慾望和嗜好。即便是同卵雙胞胎，也擁有兩種不同的面貌，不能一概而論。

正因爲如此，這個世界才有這樣多元豐富的面貌。若能放寬心胸欣賞、包容一切，進而有效掌握這些不同的地方，必將享有一個精采萬分的人生。

累積實力，才能增強競爭力

日新月異的時代，我們需要更敏銳的觀察力，以及不斷充實自己、主動學習的心，才能加強自己的競爭力，持續向前邁進。

能夠成就一番事業的人，未必都有顯赫的出身、高超的學歷，有許多白手起家的成功者，都是憑藉後天的努力，逐漸累積經驗與實力的人。

要在自己所屬的領域擁有一片天空，最重要的是要不斷充實自己、驅策自己向前，不論身在什麼行業、做什麼事情，這都是非常重要的。

齊瓦波出生在美國農村，只受過很短的學校教育。十五歲那年，家中一貧如洗

的他來到一個山村做馬伕。

三年後，齊瓦波在鋼鐵大王卡內基所屬的一個建築工地打工。

有一天晚上，同伴們都聚在一起閒聊，唯獨齊瓦波躲在角落裡看書。那天公司經理正好到工地檢查工作，看了看齊瓦波手中的書，又翻了翻他的筆記本，什麼也沒有說就走了。

第二天，公司經理把齊瓦波叫到辦公室，好奇地問他說：「你爲什麼想要學那些東西呢？」

齊瓦波說：「我想，我們公司並不缺少打工的人，缺少的是既有工作經驗又有專業知識的技術人員或管理者，您說對嗎？」

經理點了點頭，不久齊瓦波就被升爲技師，並一步步升到總工程師的職位上。二十五歲那年，齊瓦波更成爲建築公司的總經理，開創了一番大事業。

回頭想想，當我們自己好不容易從工作崗位下了班，回到家之後，唯一想做的

事，很可能就是洗完澡之後打開電視，讓自己放鬆一下，隨著電視中的人物又哭又笑幾個小時，然後結束辛苦的一天……這應該是許多人再熟悉不過的「每日行程」吧！

就像齊瓦波的同事們一樣，我們可能都欠缺了一顆向上的心，離開了學校之後，我們當中又有多少人會想再充實自己的知識呢？進入了公司，慢慢上軌道之後，我們當中又有多少人會想再進一步加強自己的專業呢？

齊瓦波雖然受的教育不多，第一份工作甚至是從馬伕幹起的，但他非常明白企業所需要的人才，不是隨時能被取代掉的打工者，而是具有專業素養，經驗豐富的技術人員或管理人員。因此，下了班，其他的同事們聚集閒聊的時候，他當然不會放過這個充實自己的機會，最終才能成就一番事業。

在這個日新月異的時代，我們需要更敏銳的觀察力，才能清楚地察覺到自己不足的地方。更重要的是，我們需要擁有像齊瓦波一樣不斷充實自己、主動學習的心，才能加強自己的競爭力，持續向前邁進。

鎖在木箱中的夢想不能發揮力量

呵護自己的夢想，讓它發出最美麗的光輝。當你真心渴望某樣東西時，自然會有助力出現。

曾有個廣告內容是這樣的：在一座人來人往的機場中，一位白髮蒼蒼的老婆婆面帶笑容，手中握著機票，腳邊放著一大箱行李。伴著畫面的字幕是：別讓夢想七十歲才開始。

人在年輕的時候，都不害怕做夢，大家心裡都有許多關於美好未來的夢想和願望，但是隨著歲月流逝，生活的壓力接踵而來，人們漸漸說服自己，那些夢根本不可能完成。

久而久之，夢想果眞實現不了了。

有個人上山採藥，花了三天三夜的時間才將需要的藥材找齊。隔天一早，他背著一大筐藥材回家，因爲愈走愈累，就隨手撿起一根棍子拄著走。

好不容易走出森林，他正打算把這根又黑又重的臨時枴杖丟掉時，一個老婆婆看見了，就對他說：「多麼好的一根棍子啊！一個銅錢賣給我當枴杖好嗎？」

採藥人聽後仔細將棍子看了一遍，這才發現它烏黑發光，還很光滑。他想著，總有一天自己會老去，不如留下來當枴杖用，因此並沒有賣掉。

回到村子裡，一個迎面走來的獵人對他說：「多麼好的烏木啊！十個銅錢賣給我做槍托吧！」

採藥人又拿起棍子細看了一遍，發現它很結實。他想著，說不定自己將來會當獵人，這烏木可以留著爲自己做槍托，所以還是沒有賣掉。

接著，採藥人走進藥舖，將摘來的藥材攤在桌上和老醫生議價。等到價錢談妥後，老醫生突然發現那根枴杖，便對他說：「我從沒看過那麼好的沉香，一百個銅錢賣給我做藥材吧！」

採藥人再次拿起棍子認眞看一遍，發現它還有一種綠瑩瑩的光澤，更肯定它是件寶貝，可以賣上更好的價錢。

經過一番討價還價後，老醫生惋惜地搖搖頭，他實在無法接受採藥人開出的價格。採藥人說：「那我要自己留下做藥材，說不定將來我會當醫生呢！」說著，就抱著沉香木走了。

回到家後，他找了一個箱子，將沉香木小心地放在裡面，上了鎖，但再也沒有打開過。此後，他既沒有拿沉香木來當枴杖，也沒有做成槍托，更沒有當成醫生，當然再也沒有人願意開出那麼高的價錢來買這根棍子。

一直到他死去，沉香木仍鎖在箱子裡。

採藥人隨手撿起的木棍，經過幾個人出價之後，才發現它是一根珍寶。

在這段過程中，採藥人也爲自己的未來定下許多目標。可是，最後他選擇將夢想安穩地鎖在箱子裡，一輩子不打開它，珍寶終究成了「廢物」，這是一件多麼可惜的事。

人生中總會有碰見「珍寶」的時候，可能是一個目標、一個心愛的對象、一位知心好友或是一個貴人，如果只讓他們成為生命中的過客，那麼即使是「有緣人」，最後也會成為「陌生人」。

夢想是人生中最重要的寶貝，但它脆弱得就像是泡泡一般，如果不小心呵護，在飛上天映出七彩太陽光之前，就會破滅。

呵護自己的夢想，讓它發出最美麗的光輝。

當你眞心渴望某樣東西時，自然會有助力出現，只要願意打開它，然後努力實踐它。

讓缺陷成為自己的特點

完全沒有缺陷的美，令人有種不真實的感覺，讓人覺得高高在上。有一點缺陷，反而容易親近。

藝術「家」和「匠」的不同在於，一個勇於創新、大膽表達，而另一個只是走著前人已經走過的路。

創作缺乏藝術巧思，即使將作品做得盡善盡美，也只是停留在技術層面的境界，作品中沒有靈魂，這就是所謂的「匠氣」。

學習前人的經驗，能讓自己少走冤枉路，但是若走不出自己的路，只能尾隨在後，便永遠無法成爲第一。

缺陷「美」也是一種獨特的美，因爲世界上再找不到第二個一樣的。別害怕與

衆不同，有時候自認爲是缺陷的東西，反而是一種優勢。

從前有個年輕人，考上秀才後就整日東遊西蕩、不務正業，不久就把父母的遺產花個精光。眼看已經坐吃山空了，沒有店家願意讓他賒帳，他焦急得不知該如何是好。這時，他忽然想起父親留下的一批名畫，便拿到街頭去賣。

一連好幾天，都沒有人上前觀看。就在秀才即將放棄的時候，一位外地來的古董商停下了腳步，仔細地觀賞，嘴裡還不住地唸著：「眞是太美了！」

他看中一幅妙齡少女在草地上放風箏的畫，畫中的風箏像雲朵一樣在天空輕輕地飄著。

古董商向秀才說自己願意出三千兩銀子買下它，並約定次日拿銀兩來取畫，秀才高興得連連道謝。

等到古董商走後，秀才便拿起畫端詳一番，想看看這幅畫究竟有什麼名貴的地方，看著看著，突然發現畫上面的風箏斷了線。因爲擔心明天被古董商看出缺陷而不買它了，秀才便打定主意要補救這幅畫。

回到家後，他拿起毛筆就在古畫上添上一根線，將少女手中的線頭跟雲端上的風箏連接起來。畫完之後，他滿意地看著自己的傑作，連聲說道：「這樣就行了，眞是完美啊！」

第二天，古董商按照約定前來取畫，當他打開畫一看，不覺失聲叫了起來：「你把畫毀了，如今一文不值啦！可惜，可惜呀！」

秀才聽了，心虛地辯解道：「這幅畫經過我精心加工，可以說是完美無缺，怎麼會是毀了呢？」

古董商冷冷一笑，說道：「這幅畫畫的就是『斷線風箏』啊，懂嗎？」

那幅畫最後當然再也賣不出去了。

在整型風大盛的年代，許多人都希望自己能擁有一張「明星臉」。但是，當每個人看起來都差不多時，就沒有所謂「美不美」的問題了。反而臉上多一顆痣、單眼皮，還更能散發出自然的美。

況且，與其擔心自己的外貌、身材，倒不如多充實一點內涵。

自己個人的特色是別人沒有的籌碼。然而大部分人追求的，就是和大家一樣就好，因爲怕異於衆人會受到排擠，跟別人做法不同會讓行事困難度增加。

如此一來，你會做的事其他人也都能做到，沒有自己的特色和優勢，被淘汰的速度就會特別快。

「斷線風箏」的特色就在線「斷」得自然。完全沒有缺陷的美，反而令人有種不眞實的感覺；太完美無缺的人讓人覺得高高在上，有一點缺陷，反而容易親近。

換個角度想，若一個人因爲意識到自己的種種缺失，因此對任何事都加倍努力準備，收穫最大的也會是他，那麼缺陷也就成爲一種「美」了！

9
PART

別當個墨守成規的笨烏龜

每一條規矩的產生，或多或少都有一些道理。但是在遵循規矩之前，我們應該要先知道箇中的學問。

先打點好門面，才能吸引別人的慧眼

注重外表或許是一種膚淺的行為，但一個可悲的事實是，大多數人真的就是這麼膚淺。

人們經常有的一個錯誤迷思，就是相信「不要以貌取人，或以貌取物」，也相信別人會和自己抱持同樣的認知。

事實上，既然以外表論英雄是人們經常有的一個錯誤迷思，那麼就不要妄想去改變大多數人長久以來的思考模式。

在一個小型的拍賣會上，拍賣商拿著一把看起來非常破舊的小提琴來到台前。

他拿起小提琴，撥了一下琴弦，小提琴發出的聲音既難聽又走調，簡直可以將它歸類爲噪音。

拍賣商看著這把又舊又髒的小提琴，皺著眉頭，不懷一絲希望地開始出價，一百塊錢，沒有人舉手。

他把價格降到五十塊錢，台下的客戶還是沒有反應。

十塊錢呢？依然沒有人舉手。

拍賣商乾脆豁出去了，他對著底下的群衆大聲說：「一元起標，一元起標，我志在出清，不在賺錢。」

就在這個時候，一位頭髮花白、留著長長白鬍子的老頭子走到前面來，請拍賣商讓他看看這把琴。

老頭子從口袋裡拿出手帕，把琴面上的灰塵小心翼翼地擦去。接著，他慢慢撥動著琴弦，專注認眞地爲每一根弦調音。當他把這只破舊的小提琴架到頷上開始演奏時，所有人都驚訝得說不出話來！

這把琴所流洩出來的音樂既流暢又美妙，是他們所聽過最動聽的小提琴聲。拍賣商再次起價拍賣，有人出一千塊錢，有人出兩千塊錢，價格不斷攀升，最後以三萬塊錢成交。

能夠從一把小提琴的破爛外表看出它出色潛力的人畢竟不多。注重外表，是大多數人的通病。因此，爲了博得大多數人的好感，我們也應該要好好包裝一下自己的外表才行。

與其費盡心思去表現自己獨一無二的內涵，不如先打點好自己的門面，讓別人願意駐足觀賞你的表現，甚至願意把你拿起來彈奏一曲。

注重外表或許是一種膚淺的行爲，但是一個可悲的事實是，大多數人眞的就是這麼膚淺。若是你不願意花點心思去迎合那些膚淺的人們，那麼你就只好繼續孤獨地唱著高調。你或許是一把出色的小提琴，但是如果不適度整裝自己的門面，未必有幸能遇見那個不計較外表的慧眼伯樂。

風險不是危險，事先準備就能周全

商場上有一句名言：「如果你只想到要賺錢，那麼你肯定賠錢。唯有當你想著如何才能不賠錢的時候，你才能夠真正的獲利。」

人們經常有的一個錯誤迷思，就是相信「做生意一定會有風險」。然而，風險並不等於無法預知的危險，只要事先做好萬全準備，就能避過風險賺大錢。

不管眼前有多大的風險，其實我們還有很多方法可以把風險降到最低，或是把風險轉嫁給別人。

一九九二年，第二十五屆奧運會在西班牙巴塞隆納舉行。

為了趁機炒熱買氣，巴塞隆納一家電器行推出一項活動：「如果西班牙在本屆奧運會上得到的金牌總數超過十枚，那麼顧客凡是於奧運舉行期間內在本店購買的電器，皆可全額退款。」

市民們聽說了這個消息，紛紛爭先恐後地來到這家電器商店買電器。雖然這家店的商品價格普遍較高，但是人們為了不要錯過可能可以全額退款的機會，還是心甘情願地掏出荷包。

或許是因為眾志成城，令人跌破眼鏡的事情發生了。奧運會才舉行沒有幾天，西班牙就已經獲得了十面金牌以及一面銀牌，正好合乎店家的標準。

此時離奧運會結束還有好幾天，根據店家當初所提出來的承諾，凡是於奧運會結束前購買的商品都可以獲得全額退款，因此接下來的這幾天，來店裡搶購商品的顧客比從前更多了一倍。

反正是不用錢的，民眾下手也一點都不客氣。

看來，電器行老闆這下非破產不可了！只是，電器行老闆非但沒有哀求顧客手下留情，也沒有逃避當初定下的約定，只是從容不迫地在店門口貼上標示說：「凡是於奧運舉行期間內在本店購買電器者，自九月開始兌現退款。」

這是怎麼回事？他退得起嗎？

就算他退得起，這種賠本的生意幹嘛做呢？

原來，電器行老闆早就想到了這一點，在推出活動之前，就已經向保險公司投保了專項保險。

保險公司經過仔細的分析，回顧以往奧運會，西班牙所得到的金牌數從來沒有超過五枚，認定了這項生意幾乎可以說是穩賺不賠，因此接受了這個保險。

這麼一來，不管西班牙最後究竟在奧運會得到了幾面金牌，電器行都無須承擔任何風險，電器行老闆唯一要做的，只是等著收錢——收顧客的錢，或是收保險公司的錢。

做生意不是賭博，不需要冒太大的風險。

做生意是一種精打細算的投資，投資當然是爲了賺錢，而不是花錢買經驗，因

此，每一分風險都必須事先計算清楚。

商場上有一句名言這麼說：「如果你只想到要賺錢，那麼你肯定賠錢。唯有當你想著如何才能不賠錢的時候，你才能夠真正的獲利。」

不要抱持僥倖心態盲目冒險，凡事都做最好的設想，你只會四處面臨危機；唯有抱持著最好的期望，但預先做好最壞的打算，才能讓你不管遇到多麼惡劣的衝擊，都能全身而退。

別急著否定自己，才有成功的契機

當你腦海中又浮現出「我沒有錢，所以我什麼都不能做」這個念頭時，請你把這句話倒過來說，「正因為你什麼都沒有做，所以你沒有錢」。

人們經常有的一個錯誤迷思，就是相信「因爲我沒有錢，所以我什麼都不能做」，抱持著這樣的迷思，最後當然什麼也做不成。

「沒有錢」只是一個藉口，如果你眞的想做，你就會努力地尋求金錢支援。如果你眞的有成功的潛力，哪裡還怕沒有人願意投資你？

日本岡山市矗立著一棟壯觀氣派的五層鋼筋水泥大樓，這棟大樓正是條井正雄

所擁有的岡山大飯店。

然而，你知道當年身無分文的條井正雄，是如何蓋起這棟大樓的嗎？

條井從前在銀行工作，專門負責辦理飯店、旅館業的貸款業務。十年的工作經驗，令他不知不覺間培養了許多飯店管理方面的相關知識，也令他萌生了轉業經營飯店的念頭。

爲了做到最好，條井花了好幾年的時間嘗試各項精密的調查，發現來岡山市的旅客，有百分之九十七是爲商務而來。之後，他在公路邊站了三個月，知道每天來往的汽車流量平均有九千輛，每輛車約坐二點七人。

當時，岡山市所有的旅館都沒有一家有像樣的停車場設施。條井決定以他調查的結果作爲出發點，讓他的飯店既具備商業風格，又有寬闊的停車場，藉此突顯他與其他競爭對手的區別。

規劃好完善的經營計劃以及施工設計圖之後，他抱著姑且一試的態度前往岡山市最大的一家建築公司。

一位主管看了他的企劃書之後，問他：「你準備了多少資金來蓋這棟大樓？」

條井誠實的說：「我一分錢也沒有，我希望你們能幫我蓋這棟大樓，等我開業之後，我再將建設費分期付給你們。」

想當然爾，條井的提議立刻、馬上毫不留情地遭到了拒絕。

「沒關係，」條井依然泰然自若地說：「我花了很多年時間才想出了這個企劃，我認為這個企劃非常完整，將會帶來許多商機，我會等你們詳細研究之後再上門來討教。」

說完，條井把企劃書放在主管的桌上，不等他開口推辭，便立刻告退。

像是世界上眞的有奇蹟一樣，半個月之後，條井接到了建築公司的電話，表示他們看過了他的企劃書，決定花兩億日圓幫助身無分文的他蓋他夢想中的飯店。

事實證明，建築公司的這項決定並沒有錯，大樓啓用之後，條井所經營的飯店獲得了空前的成功，他就這樣從一名沒沒無名的窮小子，搖身一變成了荷包滿滿的飯店大亨。

缺乏資金的確是創業路途上的一大阻礙，但是沒有錢只會延宕你的創業計劃，並不會影響你繼續累積創業所需要的經驗、閱歷、毅力，以及努力。

遇到問題，別急著否定自己，才會找到成功的契機。下一次，當你腦海中又浮現出「我沒有錢，所以我什麼都不能做」這個念頭時，請你把這句話倒過來說，「正因爲你什麼都沒有做，所以你沒有錢」。

要想創業成功，需要具備許多條件，金錢只是其中一樣項，而且還是在衆多條件之中，最容易取得的那一項。

直線思考原因無法根本解決問題

我們通常只看到了結果，也通常只找出了造成這個結果的原因，卻沒有仔細思量，在這個原因之外，或許還有其他的影響因素。

人們經常有的一個錯誤迷思，就是相信「哪裡出錯，就改變哪裡」。

事實上，每一個錯誤的產生，當中都一定存在著許多原因。除了找出那些顯而易見的原因之外，我們更應該深入追查、仔細研究，才能真正釐清問題，杜絕下一次犯錯的可能。

養雞的人都知道，雞的天性，就是喜歡互相啄咬，互相挑釁。

但是這項天性卻使雞群的死亡率無法下降，因爲養在雞舍裡的雞成千上萬，實在沒有辦法把牠們一隻一隻隔離開來。

一天，美國加州的一個雞農發現他所養的雞，死亡率突然大降，但在這同時，他所養的雞當中也有很多患了白內障。雞農前去請教一名獸醫，獸醫告訴他，這個病是治不好的。

然而，雞農並不想要把這個病治好，因爲他發現，雞隻們的視線越模糊，打鬥發生的機率就越低。這名獸醫聽說了這個發現以後，開始和朋友展開研究，運用粉紅色的隱形眼鏡，製造出人造白內障的效果。

他們把隱形眼鏡運用手術裝在雞的內眼皮上，讓雞的內眼皮不容易張開，雞的視線也跟著模糊。醫學界也針對這個現象提出了一些科學解釋，他們認爲雞看到鮮紅的血時，會刺激牠們好鬥、爭啄的本能，但是如果牠們看見的世界是一片粉紅色的，那麼紅色的血對牠們而言也不再那麼的怵目驚心了。

大多數雞農爲了解決雞群互相啄咬的天性，都會把剛孵出來的小雞的尖喙剪掉。其實，這個方法不僅殘忍，也使雞的嘴喙咬合不全，吃東西時難免會浪費食物。隱形眼鏡雖然會剝奪雞隻的一部分視力，但是可以替牠們創造出一片粉紅色的世界，讓牠們專心下蛋，彼此相親相愛，不再互相殘殺，可說是一個值得大力推廣的好辦法呢！

人之所以「頭痛醫頭，腳痛醫腳」，那是因爲我們通常只看到了結果，也通常只找出了造成這個結果的原因，卻沒有仔細思量，在這個原因之外，或許還有其他的影響因素。

例如，雞的死亡率高是因爲雞隻們互相啄咬，雞群互相啄咬誠然是造成死亡這個結果的原因，然而，是什麼原因使得雞隻們互相啄咬的呢？

問題不在於雞隻的嘴喙，而在於雞的心理狀態。

把雞的尖喙剪掉固然是解決問題的方法之一，但是改變雞的視野，才是最根本有效的辦法。

別當個墨守成規的笨烏龜

每一條規矩的產生，或多或少都有一些道理。但是在遵循規矩之前，我們應該要先知道箇中的學問。

人們經常有的一個錯誤迷思，就是相信「規矩就是規矩，不可以打破」。

事實上，許多所謂的規矩並沒有人硬性規定，只是我們做事不肯用腦筋，懶得思索其中的道理和意義，一味服膺這些根本不是規矩的規矩，最終成了墨守成規的笨烏龜。

在一個偏僻的小鎮上，年邁的老鞋匠門下有三名年輕的門徒。

當他們學藝已精，準備出外去闖蕩時，老鞋匠特地囑咐他們一句話：「記住，補鞋底只能用四顆釘子。」

三名年輕人似懂非懂地點了點頭，踏上了旅途。

他們在城市裡各自找到了一個店面，開始打開門戶做生意。

起先，他們三個人的手藝不相上下，營運狀況也相差不多。

但是幾個月以後，他們開始遇到了難題。

第一個鞋匠在替人修了幾次鞋底之後，發現自己遵照師傅的教誨，用四顆釘子去修鞋底，但是卻無法將鞋底完全修復。

他想了老半天，都領悟不出這是什麼原因。

想著想著，他覺得自己實在不是個當鞋匠的料，或許他就是缺乏了一點慧根吧，倒不如趁早放棄，改行去做別的生意。就這樣，第一個鞋匠的鞋舖在短短幾個月之內，就宣告關門大吉。

第二個鞋匠同樣也為師傅的一番話感到苦惱，他發現，四顆釘子固然可以把鞋底修好，但是很快就又壞掉了，顧客總要來第二次，才能眞正的把鞋修好。

喔！他終於知道師傅的用意了！用四顆釘子可以讓顧客上門來兩次，這樣他就可以賺到兩倍的價錢！薑畢竟是老的辣！師傅的這番話原來還蘊藏了這麼多的賺錢絕技啊！

第三個鞋匠也遭遇到了同樣的難題，他用四顆釘子修補好的鞋底，總是很快就壞了，總要客人再一次光臨，他才能把鞋底釘牢。

苦思過後，他發現，其實只要多加一顆釘子，就能一次把鞋子補好。雖然這樣違反了師傅的教誨，但是客人的時間和金錢才是最重要的，不是嗎？更重要的是，這樣他才不會覺得對不起自己的良心。

第三名鞋匠決定用五顆釘子來補鞋底，幾個月以後，顧客對兩家鞋店的評價開始有了差異。

第二名鞋匠的舖子越來越冷清，第三名鞋匠的生意卻越來越熱絡。終於，第二名鞋匠的鞋舖也宣告關門。

幾十年之後，第三名鞋匠成了這個城市首屈一指的老鞋匠。多年的工作生涯中，他逐漸領悟到了當年師傅那一席話的眞諦，師傅是想要藉此告訴他：要創新，不能貪心，否則，日久見人心。

聲名遠播之後，上門來向他拜師學藝的人越來越多，同樣的，他也在門徒出師的時候，特地囑咐他們那句老師傳傳下來的智慧小語：「記住，補鞋底只能用四顆釘子。」

有個老笑話是說，一個新嫁娘初次煮飯給公婆吃，在煎魚的時候，她先把魚切成頭、中、尾三段後，才把魚放入鍋中。

婆婆見了，覺得很奇怪，「爲什麼要把魚這麼切呢？」

媳婦聳了聳肩，回答說：「不知道，我看我媽媽都是這麼做的。」

之後，媳婦回家問媽媽說：「爲什麼煎魚的時候要先把魚切成三段呢？」

媽媽也同樣回答不出來，只說：「不知道，我看妳外婆都是這麼做的。」

最後，找到了外婆。外婆笑了笑，回答說：「那是因爲我從前用的鍋子太小了，一條魚根本擺不下去，所以只好先切段再煎囉！」

每一條規矩的產生，或多或少都有一些道理。但是在遵循規矩之前，我們應該要先知道箇中的學問。

否則，你很可能煎了一輩子的魚，都還煎不出一條漂亮完整的魚；補了一輩子的鞋，也成不了一名出色的鞋匠。

之所以造成這樣的結果，並不是因爲你不用心，而是因爲你太守規矩的關係。你說冤不冤枉呢？

勇於創新才能開創新機

人們對於自己經驗領域之外的東西，總是恐懼多過於好奇。這樣的想法或許能夠確保我們的安全，但同時也阻礙了我們展開新的思維。

人們經常有的一個錯誤迷思，就是「不敢誤入『歧途』，一味相信遵循前人的腳步準沒錯」。

沒錯，跟著前人的腳步走，一定不會迷路，也不容易犯錯，但一味地走別人走過的路，你便很難開闢出一片屬於自己的新領域。

愛因斯坦從讀大學的時候開始，就非常喜歡和他的老師暢談科學、哲學與人生。

有一天，愛因斯坦突發奇想，問老師說：「老師，請問一個人，比如說我吧，究竟怎麼樣才能在科學領域、在人生道路上，留下自己閃亮的足跡，做出傑出的貢獻呢？」

老師沒有馬上回答愛因斯坦的問題，但是這個問題卻一直在他腦海中盤旋不去。

三天之後，老師興奮地跑來找愛因斯坦，對他說：「你那天問我的問題，我終於想到答案了！」

說完，老師拉著愛因斯坦走出研究室，朝學校附近的一處建築工地走去。

他們不理會建築工人的斥喝，逕自踏上剛剛鋪好水泥未乾的地面。愛因斯坦感到一頭霧水，問老師說：「老師，您這樣不是領我誤入歧途嗎？」

「是啊，是啊，」愛因斯坦的老師認眞地說：「你看到了嗎？只有踏入這樣的『歧途』，才能留下足跡啊！」

接著，他又解釋說：「只有全新的領域、尚未凝固的地方，才能留下深深的腳印。而那些已經凝固很久的老地面、那些被無數人涉足的地方，你是不可能再踩出新的腳印來的。」

「喔，我明白了！」愛因斯坦恍然大悟。

從那時候開始，他努力朝全新的、尚未有人踏過的領域探索，在物理學三個未知領域裡默默研究，大膽突破了牛頓力學，並在二十六歲的時候提出狹義相對論，開創了物理學嶄新的一頁，無論在科學或是人生的道路上，他都留下了閃亮的足跡。

愛因斯坦曾經說過這樣的話：「我從來不去記憶和思考詞典、手冊裡的東西，我的腦袋只用來記憶和思考那些還沒載入書本的東西。」

這也是愛因斯坦之所以成爲愛因斯坦的原因。

不想成爲生活主人的人，必將淪爲生活的奴隸；不想開拓自己人生的人，必然淪爲別人的影子。

我們通常都有一個壞習慣，對於自己經驗領域之外的東西，總是恐懼多過於好奇，畏縮多於嘗試。

這樣的保守想法或許能夠確保我們的安全，但同時也阻礙了我們展開新的思維。

這樣的怯懦想法可以讓我們每個月固定領到薪水，卻沒有辦法讓我們開創一番豐功偉業。

因此，如果你想要活得與眾不同，你便必須具備向新事物挑戰的勇氣，勇於誤入歧途，在陌生的道路上留下自己的痕跡。

創新不是一件簡單的事，但是今日的勇於創新，必定會是明天的閃耀勝利。

迷信學歷，不如累積實力

學歷只是一種輔助的工具，一個人想要在社會上立足，最終講求的還是實力；與其迷信學歷，不如腳踏實地。

人們經常有的一個錯誤迷思，就是盲目地相信文憑，認為「學歷越高越好，書讀得越多越好」。

然而，老祖宗早就已經告誡過我們「百無一用是書生」，如果不知道融會貫通、靈活運用，書讀得再多，充其量只是一個活動書櫃。

一個整天埋首於書堆當中的大學生前來問教授：「教授，為什麼你總是勸其他

同學多讀書，卻總是叫我不要讀書？」

教授沒有回答他的問題，反而向他說了一個蚊帳的故事。

教授說，從前有一個農夫睡覺時被蚊子叮得整夜不能成眠，他氣急了，第二天一早，就去買了個蚊帳回來，想要安心地睡個好覺。

果眞，這一夜農夫一覺到天亮，睡得又香又甜。

只是，隔天早上醒來以後，他發現蚊帳裡有十幾隻大蚊子，個個吃得飽飽的，在蚊帳裡滿足地盤旋著。

那些蚊子，正是從蚊帳的縫隙中溜進來的。農夫以爲用蚊帳就可以隔絕蚊子，但是由於他使用不當，反而讓自己被更多的蚊子攻擊。

最後，教授語重心長地說：「知識對讀書人來說，就像蚊帳一樣，如果沒有好好運用知識的力量，愚昧就會像蚊子，悄悄地溜進蚊帳裡，讓自以爲有知識的人變得更愚昧卻不自知，那還不如一開始就不要用蚊帳，你說是嗎？」

學歷只是一種輔助的工具，一個人想要在社會上立足，最終講求的還是實力；與其迷信學歷，不如腳踏實地。

如果你只會讀書而不會思考，如果你空有學問而不知善加運用，那麼不如放下書本，放下讀書人的架子，捲起衣袖從基層做起。

讀書的眞正目的，是爲了厚實自己的基礎，讓自己在做每一個決定之時，都能活用自己的知識、常識，理智地做判斷。但若你只是爲了讀書而讀書，把讀書當成生命的唯一目標，那麼讀書所獲得的死知識就會變成你身上的一層隔膜，讓你和眞實世界隔絕，卻又沒有辦法保護你不被現實環境所傷。

自己才是最大的競爭對手

在那些堪稱為第一的人的心目中，最大的敵人不是別人，而是自己。唯有不斷超越自己，才能確保自己永遠處於領先的位置上。

人們經常有的一個錯誤迷思，就是相信「只要贏過別人，就可以成爲第一」，也相信只要不斷贏過別人就可以領先到底，獲得最後的勝利。

事實上，只有不斷超越自己才是眞正的勝利，在那些堪稱爲第一的人的心目中，眞正最大的敵人不是別人，而是自己。

話說某家外商公司招聘人員，分三天進行三次考核。

第一次考試，小王以九十九的高分拔得頭籌，緊追在後的是小李，小李以九十五的成績名列第二。

只是，第二天考試的時候，小王一看到考卷，不禁感到非常驚訝。第二次考試和第一次考試的題目一模一樣，但是監考人員一再強調，考卷沒有發錯。

和前天一樣，小王自信滿滿地完成了整份考卷，同樣的，他依然以九十九的高分排名第一，排第二名的一樣還是小李，這一次，他考了九十八分。

呵呵，還是輸給我了嘛！小王微微一笑，覺得自己勝券在握。

第三次考試，還是同樣的題目。

小王雖然不知道這家公司到底在搞什麼鬼，但他還是憑著記憶，把前兩次寫的答案再寫一次。

考試進行不到半個鐘頭，所有人都交卷了，只剩下小李還在哪兒作著困獸之鬥，只見他這裡修修，那裡改改，一直撐到最後一分鐘，才把考卷交了上去。

這一回，考了九十九分的不只有小王，小李也同樣考了九十九分的好成績。

不過，按照三次成績平均下來，小王還是第一名。他一點也不擔心自己會被小李擠下來。

然而，當錄取名單公佈時，小王簡直不敢相信自己的眼睛。榜單上只有小李一個人的名字，其他人，包括第一名的小王，全部都落選了。

「這家公司到底在搞什麼啊！」小王氣得到人事部去找主管理論：「你們究竟是用什麼標準選人的！這樣的結果公平嗎？」

「這位先生，請你先不要激動，」人事部主管笑瞇瞇地解釋說：「我們知道你的成績非常出色，但是我們打從一開始，就沒有說誰考最高分就用誰啊！不是嗎？我們公司並不是根據成績來選人的，而是根據你們作答時的態度來評定誰才是我們需要的人才。」

人事部主管接著說：「同樣的題目考了三次，你每次的答案都一成不變，對於自己所欠缺的那一分一點都不在意，對不起，我們認爲你這樣的員工缺乏反省能力，恐怕也無法幫助公司進步，所以我們沒有辦法錄取你。」

在人生戰場上，我們不僅跟別人競爭，同時也跟自己競爭。

眞正的成功者，往往是勇於超越自己的人。想要提昇自己的競爭力，想要讓努力化為美好回憶，就要不斷超越自己！

唯有不斷打敗自己、超越自己，才能確保自己永遠處於領先的位置上。

這個時代是一個競爭激烈的時代，我們永遠不愁沒有對手。既然需要打敗的敵人那麼多，那麼不妨從戰勝自己先著手。

想要戰勝自己，最簡單的訓練就是從不貪吃、不貪睡開始做起。如果連那個懶惰的自己都戰勝不了，那還有什麼資格和別人一爭高下呢？

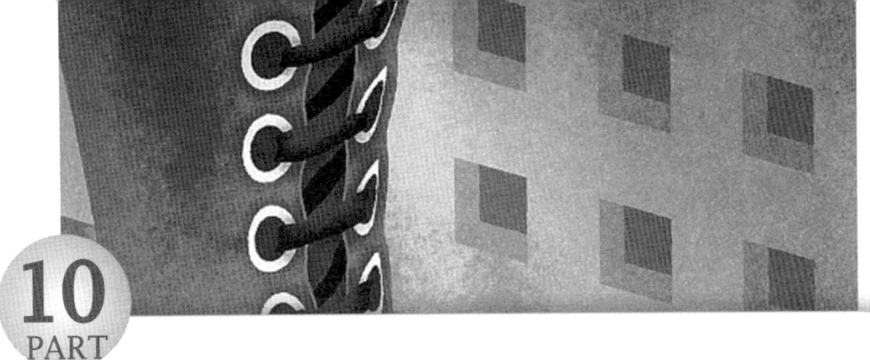

10
PART

害怕後悔，只會讓自己更後悔

千萬不要為了怕後悔，而令自己將來更後悔。只要你負擔得起後悔的代價，勇敢冒險一次又如何？

越貪婪越容易受騙上當

少一點貪婪，多一點踏實，我們才能真正地享受生活的樂趣，也才能開開心心、自由自在地享受富足人生。

貪婪是人性的一大弱點，貪婪的念頭一起，我們便已陷入危機之中。即使明知眼前方向有誤，很多人還是會盲目地踏上。

抑制不了貪婪的人，往往都得等到大難臨頭、跌入谷底之後，才會驚覺這一切不過是華麗的騙局！

東漢時期，宦官張讓不僅獨攬大權把持朝政，更敢隻手遮天。朝野人士都知道，

若想得到提拔升遷的機會，便得過得了張讓這一關。因此，只要是想快速升官的人，個個都搶著巴結張讓府邸裡的人。

有個初到京城的富商孟倫，一到洛陽便聽說這個消息。當他仔細了解情況之後，心中也有了絕妙的生財之道。

他先是打聽到，由於張讓平時都得在宮中侍候皇上，家中全由一位管家主持事務，每個想求見張讓的人都得先經由他的安排。

探明情況之後，孟倫便從這位管家著手。

他打聽到管家經常上的酒館，便在那裡等候，伺機接近。他果眞很幸運，第一天等候便等到了管家。

管家享用完餐點後，卻發現忘了帶銀子出門，所幸他與酒館老闆早已熟識，因此便言明暫時賒帳，等下回光顧時再付。

不過，這時孟倫卻立即上前解圍：「管家，您這頓飯我請。」

只見孟倫大方地拿出銀兩支付，接著便與管家閒聊了起來。

受人恩惠的管家心中甚是感激，再加上兩人的交談非常熱絡，孟倫與管家很快地便成爲朋友。

魚兒上鉤了，孟倫更是用心奉承，很快地他便擄獲了管家的心，由於管家收了孟倫不少好處，但孟倫卻從來都沒有要求回報，這竟然讓慣於「吃黑」的老手也心生愧疚之意，這天他問孟倫：「你有沒有需要我幫忙的地方？」

孟倫一聽，連忙說：「我本來就喜歡結交朋友，別無所求，不過，如果您不爲難的話，我很希望您可以當衆對我一拜。」

管家笑著說：「這有什麼難的！」

第二天，孟倫來到張讓的府前，那些盼望升遷、趨炎附勢的小人也早已擠在門前，靜靜等待管家開門安排。

不久，管家領著奴才們開門見客，衆人也立即湧上前去。

這時，管家卻忽然揮了揮手，領著奴才們朝著孟倫的方向前去，接著他帶頭向孟倫行跪拜禮，然後客客氣氣地引領他進入府邸。

衆人一看見管家對這個陌生人如此恭敬，無不議論紛紛，心裡揣測：「他一定是張府的重要人物。」

「這個人和張讓的關係肯定非比尋常。」有人交頭接耳地說。

於是，那些等不到管家的人紛紛轉向拜託孟倫，他們將原本要給管家的金錢，全數送到了孟倫家。

至於孟倫，他當然早預料到這種結果了。因爲他在管家身上下那麼多的功夫，無非就是爲了今天，面對這些捧著金銀財寶上門請求的人，孟倫一概允諾，不到十天，他便累積了萬貫家財。

那麼人們的拜託呢？

自從有天黑夜孟倫舉家偷偷離京後，就再也沒有下文了。

不知道是孟倫太奸詐，還是被慾望蒙蔽的人根本看不見現實眞相？

不論是管家被利用了，或是奸商的本質太過詭詐，問題關鍵始終都出在「求官者」的身上，若不是他們利欲薰心，被孟倫清楚看見人們急於求官的弱點，他們怎麼可能會被欺騙？而且是被騙得血本無歸？

這類故事的道理古今皆通，在在說明如果我們能少一點貪婪之心，社會上受騙的哭泣自然會少一些。

世上沒有白吃的午餐，沒有付出努力而得到的財富，原本就讓人感到不踏實了，更何況是故事中那些只懂逢迎巴結而沒有實力的求官者呢？抑制不了貪婪的人又怎麼可能眞正地得到成功的機會呢？

眞正的機會要靠自己創造與爭取，我們才能清楚掌握自己的未來，也才能不必受制於人，自在地享受豐收的果實。

少一點貪婪，多一點踏實，我們才能眞正地享受生活的樂趣，也才能開開心心、自由自在地享受富足人生。

小心功高震主招來災禍

誠意真心總是敵不過現實猜忌，在競爭激烈的社會，偶爾反向操作才能保護自己，不致於因為功高震主招來災禍。

安份守己不代表要全盤托出自己的赤誠愚忠，展現自己的才能比任何人強，也不一定能得到讚許或拔擢。

因爲，所有積極力爭上游的人，都是爲了高人一等，一旦這些人好不容易登上了高峰，他們當然只想一個人獨佔峰頂。

蕭何在滅楚興漢大業中立有大功，劉邦也因此將他排在衆臣之首。

後來，韓信被誣告謀反，當時劉邦正巧出征在外，由蕭何協助呂后掌理內政，設計除掉了韓信這個心腹大患。

由於平亂有功，蕭何的官銜便從丞相提升爲相國，封地也增加了五千戶，此外，劉邦還賜了五百名士兵給他。

高升之後，相國府天天都有人前來祝賀，唯獨一位名叫召平的秦朝遺老竟然登門致哀。

他對蕭何說：「你就要大禍臨頭了，如今主公餐風宿露征戰於外，您只是坐鎮京師，什麼戰功也沒有，主公卻讓你增封地、設衛隊，這是爲什麼？你以爲理由眞的那麼單純？其實是因爲韓信剛剛謀反，主公對你心存懷疑，想以此對你加以籠絡，絕非寵信你啊！」

蕭何一聽，連忙請教：「我應該怎麼辦？」

召平回答：「把封賞讓出來不要接受。此外，你還要將自己的家產拿出來資助前方軍隊，如此一來，主公必定十分高興。」

蕭何認爲他說的十分有理，便依計行事，果然立即得到劉邦肯定的回應。

又過了一年，英布謀反，劉邦再一次率兵出征，不過在前線指揮作戰時，他卻不斷地派使臣回京師，目的竟是想打聽蕭何在做些什麼事。

盡忠職守的蕭何原本想：「皇上出征在外，我身爲相國，本該盡心安撫百姓，並多籌備糧草輸往前線。」

但不久，又有貴人向蕭何說：「您恐怕會有滅族大禍啊！如今您貴爲相國，功列第一，官不可再升，功不可再加，然而，自您進駐關中十幾年來卻甚得民心。唉，如今主公經常派使臣來打聽您的情形，正是擔心相爺的聲望太過響亮啊！皇帝很擔心您會對他構成威脅。」

蕭何一聽，吃驚地問：「那我應該怎麼做才好？」

貴人建議說：「您可以四處壓價買田，故意高利放債，令民怨四起，如此才能讓多疑的主公卸下心防。」

蕭何聽從了他的意見，也這樣做了，果然劉邦再也沒有派使臣前來監視了。當劉邦班師回朝時，看見老百姓紛紛上書狀告蕭何，劉邦卻一點也不怪罪他，反而將老百姓的狀紙交給蕭何，還笑著對他說：「你自己處理吧！」

即使「功高震主」，處事也絕不能「喧賓奪主」，就像故事中的蕭何與劉邦的關係。畢竟對大多數的領導人物來說，他們好不容易坐上了龍椅，自然不肯輕易離座，面對著台下虎視眈眈的企圖者，他們更是小心翼翼地防範著。

蕭何心中只有安分盡職之意，這樣的防備與猜疑當然很冤枉。然而，誠意眞心總是敵不過現實猜忌，在競爭激烈的社會，偶爾反向操作才能保護自己，雖然有違己心，但這確實是保障自己的最好方法。

人生路偶爾要靠自己製造彎道，不要一路直線前進，因爲那樣不僅不易隱藏鋒芒，還很容易被自己的小聰明誤事。

所以，別擔心小小的轉彎會耽擱了前進的時間，因爲在轉彎處，我們反而更能看清人心的險惡與可怕的陷阱。用小小的延誤換取永遠的平安，哪一個才是聰明的選擇，相信你一定知道。

不要把勇氣用錯地方

要先對未來有了方向，再激起生命的勇氣，只要目標清楚，辛苦逆游的你，最終到達的目地的必定是美麗新世界。

爲了實現目標，我們都需要非常大的勇氣，但是，當我們在尋找夢想的天堂，有時也該靜下心想想，是否只知一味地往前衝，卻從不停下腳步，看看路有沒有走偏，或是目標錯了？

這流水是從高原流下來的，最後流入渤海口。

但在海口處，卻有一隻魚正逆著水流，努力地朝著高原上游去。只見這隻魚躍過了淺灘，並迎著激流前進，除了積極逆流而上，牠還要躲過水鳥的追捕，最後牠來到了險峻的瀑布下。

這隻魚似乎有意創造奇蹟，牠奮力地穿過了峽谷，山澗和石縫，終於高原就在眼前了！

然而，當牠還來不及聽見人們的歡呼聲時，便已受不了高原上的低溫，瞬間結冰成冷凍魚了。

多年後，有人在唐古喇山的冰塊中發現了牠，有人認出這隻魚，就是當年在海口看見的魚。有個年輕人感嘆地說：「眞是條勇敢的魚啊！居然逆游了那麼長的一段路！」

不過，另一位老人卻感嘆道：「的確是一條勇敢的魚，可惜牠只有偉大的精神，卻沒有偉大的方向，盲目的逆向追求，最後卻換得死亡！」

從你的角度來看，你認爲魚兒是勇敢的英雄，還是匹夫之勇？

爲了追尋夢想，每個人都需要非常大的勇氣，但是不少人爲了找到夢想，而盲目前進，只知一路往前衝，卻沒做好未來的計劃與評估，也有些人連自己想要什麼都不清楚，只知道：「跟著大家衝就對了！」

跟著大家衝就對了嗎？照成功者的步伐再走一遍，就一定會成功嗎？

當然不是，就像許多年輕人在選擇未來的路時，總是說：「最感興趣的事？我也不太清楚，反正做了再說。」

你是否也曾說過相同的話？又或者現在的你，正在對朋友們這麼說呢？

如果答案是肯定的，那麼，關心你的人恐怕要爲你擔心：「沒有目標，不知道未來的方向，空有勇氣也只是徒然呀！」

要先對未來有了方向，再激起生命的勇氣，只要目標清楚，辛苦逆游的你，最終到達的目地的必定是美麗新世界。

別有居心，只會累壞自己的心

與其處心積慮想迎合上司的胃口，不如好好地充實自己，因為讓自己有「最好的表現」，才是最好的奉承籌碼。

從古自今，善於阿諛奉承的人多不勝數，平心而論，這些人所吃的苦頭確實不少，他們哄得了主子開心，可卻累壞了自己的心，因爲，他們都是丟掉自己尊嚴來取悅上司的。

從前，有個侍衛兵爲了謀得升官的機會，每天老是想著要討國王的歡心，然而，入宮做侍衛已經多年了，卻仍然無法攀升。

苦無良策的他，有一天在回家的路上，看見一個衣衫襤褸的老翁，正蹲在橋頭上。

他仔細地看著這個老翁，白髮長鬚的模樣就像傳說中的仙人，只見他連忙跪在老翁的面前，雙手合十地說：「神仙啊！我有個問題想請教您，請您明確地指引我啊！」

老翁被他這個舉動，嚇得咳了一聲，連忙否認道：「我不是神仙，我只不過是個乞丐啊！」

但是，侍衛兵心中認定他是神仙，堅持道：「您一定就是神仙，神仙有白髮長鬚，您看您，不是也有嗎？求求您告訴我，我要怎樣才能討國王的歡心呢？」

老翁看他如此認真，只得應付他說：「唉，是就是吧！想討國王歡心啊？只要你處處學國王的樣子，就能討國王的歡心了！」

侍衛兵一聽，直拍手叫好：「對啊！您果然是活神仙，一點便點破了我多年來的盲點，我知道了！謝謝您，有機會我一定會報答您的！」

辭別假神仙後，侍衛兵仔細地思考著：「那我以後要多注意國王的一舉一動，對！只要我學國王的一顰一笑，當國王發現我什麼都學他時，一定會認爲我對他非常忠心。」

第二天，侍衛兵站在國王身邊時，當他看見國王正在不斷地眨眼時，他也跟著不斷地眨眼。

不一會兒，國王終於發現他的「眨眼」情況，便好奇地問：「咦，你的眼睛有毛病嗎？」

侍衛兵不慌不忙地說：「啓稟國王，我的眼睛沒有毛病！」

國王繼續又問：「那你爲什麼會不斷地眨眼睛呢？這有失莊重啊！」

侍衛兵一聽，立即邀功似地吹噓：「國王啊！我爲了表現忠誠，處處都要學習國王的模樣，所以您眨眼時，我就會跟著眨眼。」

國王一聽，登時大怒，斥責道：「你這個大混球，你好的不學，偏偏要學壞的，來人啊！給我拖出去重打一頓，然後把他出皇宮，從此別再讓他在我的面前出現。」

爲了獲得主管的提拔，我們總是看見一些搖首擺尾的奉承者，每天環繞在大老闆的身邊努力迎合，或是絞盡腦汁，只爲了博得上司的一個關愛眼神。然而，更多時候，我們最後看見他們的下場，不是永遠爬不上巔峰，便是好不容易擁有的地位或財富在轉瞬間就消失。

之所以如此，關鍵在於他們雙腳並不是踏實著地，還有他們的諂媚行徑總是十分張揚，這些不僅冷眼旁觀的我們看得見，連那些表面上被哄得心花怒放的主管們，也一定看得見。

所以，與其處心積慮想迎合上司的胃口，不如好好地充實自己，因爲讓自己有「最好的表現」，才是最好的奉承籌碼。

改變迷思，才能找到出路

越是陷入低潮、絕望的時候，我們越要去思考其他的可能。如果你在這個舞台上黯淡無光，那不妨嘗試轉換另一個舞台。

人們經常有的一個迷思，就是「除此之外，我已經沒有別的方法可想」。

透過這樣的思考模式，我們可以發現失業的人繼續失業，失敗的人繼續失敗。因爲，他們在遭遇到挫折的時候，不會試著轉彎；在面臨瓶頸的時候，不懂得去尋找別的出路；在跌至谷底的時候，不肯放低身段；在財務出現危機的時候，不肯放棄原來的生活品質。

因此，這些人總是把自己逼進死胡同裡。

一位名叫普熱羅夫的捷克籍法學博士，進行博士論文研究時發現，紐約有一所由貝納特牧師創辦的窮人學校，畢業生的犯罪率一向是全紐約最低的。

照理說，窮人的犯罪率應該會比富人還要高才對，爲什麼這個三流學校的畢業生卻打破了這條常規呢？

普熱羅夫利用這個反常的現象爲題材，向紐約市政府申請了研究基金。利用這筆錢，他以各種方式聯絡到了多名該校的畢業生，以及曾經任職學校的教師和工友，甚至連貝納特牧師的親屬也不放過。

他花了六年的時間調查，總共回收了三千七百多份問卷，其中有百分之七十四的人回答說，他們在貝納特牧師身上，知道了一枝鉛筆有多少種用途。

普熱羅夫看了感到非常訝異，決定親自去拜訪一位該校的畢業生，同時也是紐約市最大一家皮貨店的老闆，詢問他那句話的眞義。

皮貨店老闆笑著說：「是的，貝納特牧師教會我們最重要的一件事，就是一枝鉛筆到底有多少種用途，這是我們入學時第一篇作文的題目。」

以前，絕大多數的學生都以爲，鉛筆除了用來寫字之外，沒有其他的用途。從那個時候開始，他們知道鉛筆不僅能用來寫字，還可以拿來當做尺畫直線，或是用來當作禮物送給朋友，能當商品販賣，也可以用來化舞台妝；鉛筆削下來的木屑可以做成裝飾畫，鉛筆的芯磨成粉以後可以作爲潤滑粉，在野外遇難時，鉛筆抽掉筆芯可以當做吸管使用，遇到壞人的時候，削尖的鉛筆也可以作爲自衛的武器……

皮貨店老闆接著說：「光是一枝鉛筆就有這麼多不同的用途，更何況是我們這些有手有腳有腦袋的人，我們有比鉛筆更多的用途，而且每一種用途都可以讓我們順利活下去。我本來是個公車司機，後來失業了，但是你看，我又找到了我的另外一種用途，現在，我是一個皮貨商……」

普熱羅夫聽了，不禁深受感動。

這項研究一結束，他就放棄了繼續留在美國找法律相關工作的想法，回到他的故鄉，發揮他其他的用途。

後來，他成爲捷克最大的一家網路公司總裁。

戴維．墨菲曾寫道：「眼睛和耳朵是人身上最容易出賣自己的器官。」

通常，我們會對自己親眼目睹、親耳所聞的事情深信不疑，但問題是，這些讓我們深信不疑的事情，極有可能是別有居心的人，刻意安排讓我們「看到」和「聽到」。

通常，我們會對賢人、哲人和所謂勵志大師所說的道理深信不疑，但是這些金玉良言有時只是充滿偏見的迷思。

因此，如果不想讓自己掉入這些陷阱，那麼就必須時常自我提醒「自己相信的，不一定都是對的」。

越是陷入低潮、絕望的時候，我們越要去思考其他的可能。人生不只一個舞台，如果你在這個舞台上黯淡無光，那不妨嘗試轉換另一個舞台。如果你在舞台上實在找不到一席之地，那麼你也可以選擇退隱幕後，甘於平凡。

無論如何，人生其實可以有很多選擇。如果你別無選擇，那是因爲你選擇去作一枝只能寫字的鉛筆。

害怕後悔，只會讓自己更後悔

千萬不要為了怕後悔，而令自己將來更後悔。只要你負擔得起後悔的代價，勇敢冒險一次又如何？

人們經常有的一個錯誤想法，就是「不要讓自己有後悔的機會」，最後的結果卻是讓自己更加後悔。

爲了不讓自己將來後悔，我們選擇了最安全的道路；爲了不要讓自己有犯錯的可能，我們也儘量減少嘗試的機會；爲了不要讓自己後悔，我們猶豫不決不做決定；爲了不要讓自己後悔，我們反而製造了更多的遺憾。

兩個年輕男人同時向一位超級大美女求婚，兩名男人的條件都很不錯，令大美女感到非常高興，只是，她實在不知道這兩名男人當中她究竟應該要挑哪一個。於是，她給他們出了一道難題，要這兩個男人同時到外地去做生意，一年之後，誰賺的錢比較多，她就決定嫁給誰。

這兩名被愛沖昏頭的男人聽了，隔天一早就離開家裡到外地努力打拼。

一年的期限到了，他們來到了女人家裡。

其中一個男人說：「我這一年來，很努力地工作，原本也賺了不少錢，但是前幾個禮拜，我遭遇到一場始料未及的災難，公司週轉一時之間出現了問題，爲了遵守我們當初訂下的約定，我願意退出比賽。」

另外一個男人聽了，連忙打斷他說：「不，這樣的話，我豈不是趁人之危、勝之不武？要是你的公司沒有出現問題，或是問題不是發生在這個時候，我很可能會輸給你。這樣吧，我們把比賽的期限再延長一年，到時候再來論輸贏，我想會比較公平。」

這個提議非常合理，他們三個人都表示同意。

接下來的一年中，兩名男人工作得從前更努力，賺的錢也比從前還要多上許多。

一年之後，這兩男一女又碰頭了。

前一年生意遇到瓶頸的男人，這一年的成績大有長進，已經遠遠超越了他的情敵。不過，他仍然說：「要不是去年他讓我，我早就已經輸了。既然他願意給我機會，我想我也應該給他一個機會才對。不如我們再把比賽的期限延長一年，一年之後，再來比個高下！」

於是，這兩個男人繼續在外面打拼，只是，從前他們只是爲了賺錢而賺錢，現在他們開始掌握了一些做生意的心得，不僅對自己的事業投注了更多的熱情，同時也樂在其中，把工作當成生活的首要目標。

數年過去了，這兩名男人都成了富甲一方的大企業家，但是從前的超級大美女卻已經風華不再。

年過三十的女人等不及了，把他們兩個叫來，對他們說：「我很高興看到你們爲了得到我而做出這麼多的努力，現在既然你們都已經各自有了成就，我想我們應該儘快做個決定，這是我們之間的承諾，不是嗎？」

「嗯，是啊，沒錯。」其中一名男子說：「我們的確應該言而有信。坦白說，要不是她，我們也不會有今天的成就，無論如何，總得有人對她負責才是，不過，我們把條件顛倒過來吧，輸的人負責娶她爲妻，你認爲如何？」

害怕後悔的心理，使我們錯失許多良機，因此，有好多人在年紀大的時候都後悔自己沒有趁年輕的時候去冒險；好多人在結了婚以後都後悔自己沒有在結婚以前多認識幾個異性；好多人後悔自己猶豫不決錯過了投資的好時機；好多人後悔自己當年爲了生活而放棄夢想。

千萬不要爲了怕後悔，而令自己將來更後悔。

只要你負擔得起後悔的代價，勇敢去冒險一次又如何？即使因此而犯錯，你也得到了美好的經驗和教訓，比起什麼都不做，你認爲哪一樣比較會令你後悔？

凡事量力而為，來日大有可為

如果你沒有給自己休養生息的機會，如果你只是用力而不補充體力，或許你可以表現得很勇猛，但是你絕對沒有辦法撐很久。

人們經常有的一個錯誤迷思，就是相信「我們應該要挑戰自己的能力」，忽略了凡事應該量力而爲。

這樣的想法固然可以令人努力、上進、快速地往上提升，但是，這樣的做法卻未免太過於急功好利。

人可以憑藉著一時之勇提起超過自己所能負荷的東西，問題是，這樣的一時之勇撐得了多久？

一位武術大師隱居山林中，聞名而來的人們絡繹不絕，每個人都希望他可以傳授自己一些學習武術的竅門。

某天，一群人相約來到深山拜師學藝，當他們抵達時，看見大師正在山谷裡挑水。奇怪的是，大師肩膀上的兩只木桶裡的水都沒有裝滿。

按照一般人對大師的認知，大師應該可以一口氣挑起滿滿兩大桶水才對啊，怎麼會這麼的「客氣」呢？

其中一個人終於鼓起勇氣開口問：「大師，爲什麼您只挑這麼少的水呢？」

大師說：「其實，挑水之道並不在於挑得多，而在於挑得夠用。一味貪多，反而會得到反效果。」

衆人聽了，感到更加疑惑。

大師於是從他們之中隨便選了一個人，讓他從山谷裡一口氣挑起滿滿兩大桶水。

只見那個人挑是挑起了，但是挑得非常吃力，走起路來搖搖晃晃，步伐不穩，才走了一小段路，就跌倒在地，不僅桶子裡面的水全都灑了出來，那個人的膝蓋也磨破了。

大師於是說：「你們看，這就是做事沒有量力而爲的結果。」

接著，大師拿起水桶，指著桶子裡的一條線，對衆人說：「我在桶子裡畫了一條線，這條線就是我的底線。我提的水，絕對不可以高於這條線，超過這條線，那就等於超過了我的能力和需要。這條線可以提醒我，凡事要做到最好，但是也要在自己的能力範圍之內。」

「那麼，我們怎麼知道要把這條線定在哪裡呢？」另外一個人好奇地問。

大師回答：「起先，要把線定得越低越好，這是因爲低一點的目標比較容易實現，既不會令人產生挫折感，又可以激發出更大的興趣與熱情。等到習慣了這條線以後，再把它一點一點地往上提升，循序漸進，如此一來，自然可以挑得更多，又挑得更穩。」

如果你沒有將自己的內功累積深厚，如果你沒有給自己休養生息的機會，如果你只是用力而不補充體力，如果你只是一直砍樹而不磨刀，或許你可以表現得很勇猛，但是你絕對沒有辦法撐很久。

拼命挑戰自己的能力，只會消耗掉自己累積的實力。我們應該做的，不是不顧一切挑戰自己的極限，而是花多一點時間，慢慢地培養自己的能力；凡事量力而爲，將來才大有可爲。

肯定自己就是你的秘密武器

唯有肯定自己內在的優點，你才能從裡到外散發出自信的風采，你才能把一個不值錢的木盒子，變成一個神秘的無價之寶。

人們經常有的一個錯誤迷思，就是盲目地相信「我一定要擁有某些東西，才會讓自己充滿自信」。

但是，自信是不假外求的，真正有自信的人，即使一無所有，都仍然能夠肯定自己的價值。

人生最重要的一件事就是對自己充滿信心。只有充滿自信的人，才能成爲人生戰場上的勝利者。

在一個無名小鎮上，住著一位備受尊敬的老人。

這名老人老得令人想不起他的年齡，他其貌不揚，一臉皺紋加上滿臉滄桑，外表上可說是毫無魅力可言，但是，鎮上的人們卻無不敬戴他三分。

因爲，據說這名老人擁有一個神奇的木盒子，關於那個盒子，有很多令人匪夷所思的傳說。按照老人的說法，那個木盒子是他爺爺那輩從皇宮裡偷來的。

老人的爺爺是個妙手神偷，憑著靈巧的身手，進出戒備森嚴的皇宮對他而言就像吃飯那麼容易。

一日，老人的爺爺潛入皇宮之中，找到了放滿著金銀珠寶的密室，裡頭的奇珍異寶多得令人眼花撩亂，但是老人的爺爺卻在牆壁上的暗格中發現了這個木盒子。根據小偷的直覺，這個盒子肯定非同小可，就算滿室的寶藏加起來，恐怕也不及這個木盒子來得珍貴。

然而，木盒子裡頭究竟裝了什麼無價之寶呢？

除了老人的爺爺之外，從來沒有人見過。

老人的爺爺曾經嚴格地吩咐過，任何人都不得打開來偷看，一直到老人死後，他雙手堅定地抱著這個自己從來沒有打開過的木盒子，還是不知道盒子裡頭究竟裝了些什麼。

老人的晚輩禁不起好奇，終於不顧祖先的庭訓，打開了那只傳奇的木盒子。只見裡頭放著一張素絹，上頭寫著：「王者之業，唯倚自信。」

金銀珠寶並不能爲人帶來王者風範，唯有自信才可以。正因爲自信，一個普通的血肉之軀才能夠安坐在龍椅上，被尊稱爲「萬歲」，氣定神閒地接受萬人的朝拜。自信這個東西，果眞是無價之寶啊！

美國總統林肯曾說：「噴泉的高度不會超過它的源頭，一個人的事業也是如此，他的成就絕不會超過自己的信念。」

自信來自對自己的認識與肯定。

很多人都把自信建立在一些具體的事物上面，比如說，一定要有錢才會有自信，一定要身材夠好才有自信，一定要有總經理的頭銜才會有自信，一定要化妝才會有自信，一定要開跑車出門才會有自信……

然而，越是這樣的人，往往越是對自己沒有自信。

自信，應該是建立在一些看不見，也不會輕易改變的事物上面。例如，我心地善良、勤奮上進、我聰明、我認眞……等等。唯有先肯定自己內在的優點，你才能從裡到外散發出自信的風采，你才能把一個不値錢的木盒子，變成一個神秘的無價之寶。

11
PART

不要為了形象而裝模作樣

為了避免鬧出笑話，甚至造成難以彌補的錯誤，碰到疑惑時，一定要硬著頭皮提出來，別再不懂裝懂了。

你的視野，決定你的事業

視野決定事業，只要能找到適當的切入點，不需要百萬廠房、千萬設備，一樣也能開創一番事業！

社會上有很多人認爲要成就一番大事業，必定要先投注一筆大錢，設廠房、買設備、租辦公室……這些支出常常會是非常驚人的數字。

因此，大部份的人會選擇更爲「安全」的方法：領薪水，當一個工作穩定的上班族，不要去想那些不實際的念頭！

其實，一個人的視野決定他能不能成就一番事業。

一九八〇年的美國，一所大學裡，有一個十九歲的大學生，透過賣電腦配件賺到了一千美元。

當然，擁有一千美元的他，在同學中算不了什麼，有的同學可以拿出數萬甚至數十萬美元！他思考著如何利用這一千美元，最後得到了三種方案，並在日記中這樣寫道，用這一千美元，可以做下列事情：

一、辦一次狂歡酒會；

二、買一輛二手福特轎車；

三、成立一家電腦銷售公司。

「開一家電腦公司？用區區一千元？」當同學們知道他的三種方案中包括開一家公司時，都搖頭表示可笑：「這真是太荒謬了，還不如拿這點錢請我們幾個好朋友去喝點酒！」

顯然，他的同學們是缺乏創業與財富觀念的。他沒有理會同學們的反對甚至嘲笑，毅然選擇了第三種方式，沒幾天，他的公司就正式開業了。

這個十九歲就選擇創業的青年就是戴爾，如今早已成爲大富豪，聞名世界的戴爾電腦就誕生於他的手中。

在戴爾當時列出的那三個選項裡，或許絕大多數人可能都會選擇前兩者吧！畢竟，後者看來太不切實際了。

不過，這也就是爲什麼戴爾可以在十九歲時以一千美元開始自己的事業，而他的同學們日後卻在工作上無法達到相同成就的原因。辦一場狂歡酒會，大家吃喝了一個晚上，就什麼也沒有了；買一輛二手轎車，又如何讓自己致富呢？

戴爾的選擇中透露出來最重要的事情，就在於他「事在人爲」的眼光與毅力。

在這個電子化的時代中，許多可貴、具有價值的資訊或服務，常常不是以有形的方式存在的。一個人的視野決定他的事業，只要能找到適當的切入點，其實不需要百萬廠房、千萬設備，相信一樣也能開創一番事業！

不要為了形象而裝模作樣

為了避免鬧出笑話，甚至造成難以彌補的錯誤，碰到疑惑時，一定要硬著頭皮提出來，別再不懂裝懂了。

教授在課程快結束的時候，宣布了一個攸關學期成績的期末報告，解說完題目內容後，留了一些時間讓同學發問。

小明對於一個基本的問題有很大的疑問，但是他又怕提出來會很丟臉。就在教授踏出教室的前一刻，小明終於鼓起勇氣提出了問題。

沒想到教授的回答，卻出乎衆人意料。原本大家以爲的觀念，竟然是錯誤的，若不是小明提問，大家的期末報告肯定完蛋。害怕被嘲笑的小明，意外成爲全班的救星。

很多人都害怕自己提出來的是「笨問題」，而把內心的疑惑壓了下來，甚至不懂裝懂。這樣不僅無法解決問題，甚至很容易弄巧成拙。

問題並沒有所謂的高下之分，只有懂與不懂的差別。

有一個財主，雖然擁有萬貫家財，但卻是大字不認識一個的文盲。可是，他常常裝做一副很有學問的樣子，開口閉口都是之乎者也。

有一天，有個朋友要向他借牛，便寫了張字條交給家丁送去。家丁來到財主家時，正巧有客人前來拜訪，只好先在一旁等待。

直到財主發現家丁，才問他：「你是哪位？找我有事嗎？」

家丁將紙條遞了過去。

財主看了看，怕客人笑他不認識字，便裝模作樣地沉思了一下，點了點頭，對家丁說：「知道了，回去告訴你家主人，別著急，等一會兒我就親自過去。」

一位剛領到營業執照的新手律師，在新德里的一條街上租了一間辦公室，但裝修工作還沒完成，連電話機的線路也未接上，他就開始營業了。

一大早才剛開門，就有一個人上門拜訪。

律師一見有人走進來，便馬上裝模作樣地拿起電話筒，說著：「喂！喂！我的事務所很忙，不能和你會談，你說的那件案子，非五千塊不可……」

接著，律師提起筆來在記事本上塗塗寫寫，然後才抬起頭，慢條斯理地對來訪的人說：「現在輪到您了，先生，有什麼棘手的事需要我爲您效勞嗎？」

對方盯著律師握在手上的話筒，忍不住笑了起來，對他說：「不好意思，我是電話公司派來爲您接電話線的！」

爲了面子而裝模作樣的人，常常會鬧出笑話來。

朋友要借的是牛，財主卻表示將親自過去，那財主豈不成了一頭牛了嗎？

不識字對財主而言是件丟人現眼的事，但是誤將自己當成一頭牛送了過去，才是一件眞正的大笑話。

新手律師爲了顯示自己事業有成，刻意在來人面前僞裝出來的形象，卻不巧讓人識破，也是一件非常尷尬的事。

面對問題，最重要的就是解決它，即使那只是個很基本的問題。問題只有懂與不懂的差別，只要你不懂，那個問題就是重要的。若因爲害怕丟臉而裝模作樣、不懂裝懂，反而容易弄巧成拙。

在瞬息萬變的社會裡，答案隨時可能因爲某個突發狀況而有所變動。爲了避免鬧出笑話，甚至造成難以彌補的錯誤，碰到疑惑時，一定要硬著頭皮提出來，別再不懂裝懂了。

自以為是，最容易壞事

我們無權認為只有自己的眼光才是最正確的，在不明白任何事的本意之前，不能輕下判斷，執意獨行。

曾經聽過這樣一則眞人眞事，某位小姐到香港旅遊，買了一件價值不菲的上衣，但卻在第一次送洗時，就發生了「慘案」！

老闆娘自豪地拿起一件燙得「十分」平整、乾乾淨淨的衣服對客人說：「妳這件衣服實在太縐了，我費了好多功夫，才將它燙平呢！」

這小姐聽了猛然一看，差點沒有暈倒。原來，這件衣服的特色就在於它的縐折，也因爲這樣，看似普通的衣服才會開出如此高昂的價碼。

自以爲是最容易壞事，事實上，像這類因爲熱心卻又無知而弄巧成拙的案例，時常在生活中上演著。

吳郡有個人叫陸盧峰的人考上了科舉，便前往京城等候朝廷召見。這段時間，他和同伴就在京城到處觀賞、遊玩。

有一天，他們來到一處熱鬧的市集，在某個賣筆墨的攤販上看見了一塊珍貴的硯台。

那塊硯台上有個豆粒大小的凸起，中間漆黑，四周是淡黃色的暈紋，就像八哥鳥的眼睛，稱爲「鸜鵒眼」。

這種硯台百年難得一見，陸盧峰愛不釋手，可是賣主要價太高，不讓人殺價，他只好放下硯台，忍痛離開市集。

但是，回到客棧後，陸盧峰還是念念不忘那塊硯台，幾經考慮後，終於下定決心，拿出一錠銀子交給僕人，要他把那硯台買回來。

在陸盧峰焦急地等待下，僕人終於捧著硯台高高興興地來到他面前。

陸盧峰迫不及待接過硯台，打開布包一看，不禁失聲叫道：「哎喲，你買錯了！我要的不是這塊硯台呀！」

僕人見狀，非常自信地回答說：「沒有錯啊，這就是之前和公子在市集上看到的那塊硯台啊！」

陸盧峰不滿地指著硯台說：「我看中的那塊硯台，是有鸜鵒眼的，可是這塊硯台並沒有啊！」

僕人聽了，得意地說：「什麼眼？就是那個凸起的東西嗎？我嫌它不平滑，正好買這個硯台還剩點錢，我便請石匠把它磨平啦！」

陸盧峰一聽，萬分惋惜，不住地叫苦。

不管是誰，碰到上述情況，大概有苦也說不出吧！道謝也不是，責罵也不是，因爲畢竟對方是出於善意，面對最後的損失也只能自認倒楣。

由於每個人的知識與見解不一，自然對事物會有不同的看法。知名設計師認爲是美感的「縐折」，到了洗衣店老闆眼中就是不夠「筆挺」；一顆凸起的小眼是難得一見的珍寶，卻被僕人當成累贅而磨掉。

每件事物總有一體兩面，我們無權認爲只有自己的眼光才是最正確的，每個人都有自己的審美觀，要能尊重彼此不同的看法。尤其在不明白事物的本意之前，不能輕下判斷，執意獨行，否則結果不但會傷人也會害己。

此外，將較特別、不能用常理判斷的事情交予他人之前，都要更仔細交代，才能避免「慘案」的發生。

經驗，必須實地檢驗

別急著駁斥老人家的話，聽一聽他們在說些什麼，因為那些經驗是他們用生命和時間換來的，對我們來說絕對有好無壞。

波斯詩人薩迪曾經寫道：「旅人沒有常識，如同飛鳥沒有羽翼；理論家沒有實踐，如同樹林沒有果實。」

別人所說的任何經驗，都必須經過實踐才能檢驗。

不必一味地聽命於老人所言，但是也不能完全否定老人家的經驗，畢竟那是他們花了大半人生獲得的成功與失敗的經驗，他們積極分享的目的，就是希望我們不要重蹈覆轍。

臨行前，瑞爾丁的舅舅來送他，並告訴他一些旅行的經驗：「上車後，你就選一個位置坐下，不要東張西望，火車開動後，如果有兩個穿制服的男人順著通道來問你話，千萬別理他們，因爲他們多數是個騙子。」

「是的，舅舅。」瑞爾丁點了點頭。

老舅舅又叮嚀說：「走不到二十里，要是有一個和顏悅色的青年來到你面前，要敬你一根煙，千萬要拒絕，因爲那多數是大麻煙。」

「是的。」瑞爾丁照例點了點頭。

舅舅似乎有說不完的叮嚀：「到餐車時，如果你遇見一個漂亮的年輕女子故意和你相撞，千萬要小心，因爲她一定想用美人計騙你。」

「喔！」瑞爾丁開始有點不耐煩了。

舅舅提高聲音：「你要聽清楚啊！當你進去用餐時，還要小心那些美貌的女子，因爲她們會找你同桌，然後再騙你一回，如果她們想逗你說話，千萬要裝聾作啞。

當你回到車廂，經過吸煙間，如果有人正在玩牌，而且是三個中年人請你加入，你就要跟他們說：『我不會說美國話。』知道嗎？」

「是的，舅舅。」瑞爾丁又點了點頭。

說完後，舅舅認真地說：「這是我的豐富經驗，以上絕對不是我無中生有，小心上路吧！」

「是的，舅舅，謝謝您！」瑞爾丁向舅舅鞠躬道別。

坐上車後，果眞遇見了兩個穿制服的人，但是他們不是騙子，因為證件證明了他們的清白，至於帶大麻的青年，一直都沒有出現，更別提什麼漂亮的女孩了，連個像樣的美女他都無緣看見。

至於吸煙間，連一張牌子都沒有，更何況是中年男子？

第一晚瑞爾丁安安穩穩地睡了一覺。

第二天，他順著舅舅的經驗，自己經歷了一次。

只見他請了一個年輕人抽煙，那個人非常開心地接受了；來到餐車裡，他也故意挑了一張有年輕女孩的位置。

而吸煙間裡，玩牌的發起人最後卻是瑞爾丁。

一路上，瑞爾丁不僅認識了車上許多旅客，而且每個人都很喜歡他，他甚至還和接受煙捲的青年，找來兩位女學生共組一個四部合唱團，在車上天天歌唱表演，深獲旅客們的好評。

「啊！這眞是相當美好的一趟旅程！」這趟旅程對瑞爾丁來說，實在非常充實、愉快。

瑞爾丁從紐約回來後，舅舅又來看他了，一見面舅舅便問：「我看得出來，你一路都沒有出岔，看來，你一定依我的話去做，是吧？」

「是的，舅舅！」瑞爾丁笑著回答。

只見舅舅帶著滿意的笑容，自言自語地：「太好了，總算有人因爲我的經驗而獲得利益。」

雖然老人家說的話不一定完全正確，但是，多聽老人言一定不吃虧，就像瑞爾

丁一樣，只要稍微轉幾個彎，一樣可以從他們的豐富經驗中，爲自己創造不凡的生活。

聰明的瑞爾丁把舅舅的話聽進去，但是，他並沒有因此變得提心吊膽，反而以輕鬆的態度，去印證老舅舅的經歷，還拿出舅舅的經歷與人們分享，不僅炒熱了旅人之間的情感，更豐富了自己的生命。

這是瑞爾丁聽了老人家的話之後獲得的好處，那你呢？

別急著駁斥老人家的話，靜下心，聽一聽他們在說些什麼，因爲那些經驗是他們用生命和時間換來的，對我們來說絕對有好無壞。

機會是自己爭取來的

不必羨慕別人的背景與機會，因為，每個人都會有自己的機會，用自己的實力與努力，自然能打造屬於自己的一片天。

你的機會在哪裡？

只要你有膽識與實力，機會自然會現身，所以，請停止你的抱怨。不管背景多差，後山多弱，聰明的人只知道，不管外在環境如何，只要自己有實力，就能找到自己想要的契機。他們堅信：「機會就掌握在我手中，而我就是自己最好的靠山！」

歐文是開計乘車的運將，這天到約克街上尋找顧客，就在紐約醫院的對面，有

個穿得很體面的人從醫院的台階上走了下來，並舉手招車。

那人一上車便對他說：「拉瓜迪亞機場，謝謝。」

斯德恩心想：「機場那兒很熱鬧，往來旅客也很多，運氣好一點，還有機會再載回另一個乘客。」

這時乘客開始與他閒聊：「你喜歡這份工作嗎？」

歐文回答：「可以養家活口就好，不過，如果能找到薪水更多的工作，我就會改行。你也會吧？」

客人搖了搖頭：「即使減薪我也不會改行。」

歐文聽見有人連減薪也不願改行，好奇地問：「你的職業是什麼？」

乘客說：「我在紐約醫院工作。」

歐文很喜歡和乘客們聊天，因爲從彼此的談話之中他會有豐富的收穫，今天當然也不例外。

他看這個人如此喜歡他的工作，想請他幫個忙。在前往機場途中，歐文說：「我可以請你幫個忙嗎？」

乘客看著歐文，卻沒有答應。

歐文繼續說：「我有個十五歲的兒子，是個很乖巧的孩子，今年夏天我們原本想讓他參加夏令營，但是他卻說要打工。因爲我不認識什麼大老闆，所以一直到現在都沒有人要僱用他。不知道您有沒有機會？沒有酬勞也行，因爲他只想累積經驗。」

乘客聽完後，仍然沒有開口，歐文這才發現自己可能做錯事了，居然對客人提出這樣的要求。

在一片靜默中，車子終於來到了機場。下車前，乘客拿出了一張名片說：「暑期我們有一項研究計劃，也許他可以幫忙，叫他把成績單寄給我吧！」

這天晚上，歐文回到家，很開心地拿出名片，洋洋得意地說：「羅比，這個人會幫你找到工作。」

羅比看著名片上的姓名，並大聲唸了出來：「弗雷德・普魯梅，紐約醫院？這是開玩笑嗎？」

歐文把經過仔細說明，並叫羅比第二天把成績單寄去。

兩個星期之後，歐文一回到家便看見一封信，信紙上端印著「紐約醫院神經科主任弗雷德．普魯梅醫學博士」。

羅比眞的找到了暑期工作，而且每個星期還有四十元的工資，一直到暑期結束爲止。

跟著普魯梅醫生在醫院裡走來走去，雖然是微不足道的事，但是當他穿著白色工作服時，總覺得自己是很重要的人。

從此，每年的夏天，羅比都會到醫院去打工，而且被分配的工作也日漸吃重，更令歐文開心的是，兒子對醫科也越來越有興趣了。

中學快畢業時，普魯梅醫生幫羅比寫了一些推薦信，最後布朗大學錄取了他，大學畢業後，羅比也正式成爲紐約醫院的醫生。

從故事中我們可以看見，積極爭取機會的人不是只有歐文，還有他的兒子。歐

文的「機遇」，我們可以不必多加討論，因爲是不是有靠山並不重要，重要的是，當機會出現在你眼前時，你要怎麼利用與把握？

不如意的時候，很多人都會抱怨：「誰叫我們沒有『有錢的老爸』，誰叫我們沒有『有力的靠山』？」

認眞想想，如果這些機會你都有了，你會怎麼過生活？

不必羨慕別人的背景與機會，因爲，每個人都會有屬於自己的機會，當機會來時，只要你能像羅比一樣，用自己的實力與努力去把握，自然能打造屬於自己的一片天。

保持冷靜，才不會做無謂的犧牲

冷靜再冷靜，是面對問題時的應有態度，因為那是唯一能讓你解決問題的方法，也是讓你不再做無謂犧牲的唯一保障。

每當有意外發生時，有些人會沒有擔當地立即逃開，有更多的人則好逞一時之勇，總是不能靜下心來評估事情的利害關係或輕重緩急，卻習慣以強出頭的方式來展現自己的獨特性。

某個偏遠的漁村有一項習俗，村民們每天都必須舉行一次祭典，請求海神保佑。祭祀時，他們會在海岸邊擺設祭壇，供桌上還會排滿乳酪、米飯、魚肉……等祭品。

又到了祭祀的時候了，有對烏鴉夫妻與同伴們一起出來覓食，當牠們來到海邊時，正巧祭祀的儀式已經結束，村民則留下大批祭品，各自回家去。

烏鴉們一看見眼前有那麼多的食物，便飛下來大嚼特嚼，連酒也照喝不誤，快樂地盡情豪飲。

不一會兒，所有的烏鴉都喝得酩酊大醉，有對烏鴉夫妻還高興地提議：「我們到海中泡水吧！」

然而，就在大家愉快地在沙灘上玩水時，忽然一個大浪捲來，將雌烏鴉捲了去，雄烏鴉一看，著急地哭喊著：「我的妻子呀！糟了……」

烏鴉們聽見雄烏鴉的哭聲，齊聲問：「發生什麼事了？」

雄烏鴉大聲地說：「我的妻子被大浪捲走了。」

聽見同伴被大水捲走，大家禁不住哭號了起來，這時，有隻烏鴉說：「哭也沒用啊！不如大家合力吸光海水，不就能救牠了嗎？」

大家一聽這個提議，立即表示贊同，只見一大群烏鴉全部在海面上吸水。

但是，海水這麼鹹，吸久了，牠們的咽喉也漸漸地感到乾渴，不一會兒工夫，便有烏鴉回到陸地上休息。

因爲，牠們的口舌都僵了，臉也感到麻痹，身體更是疲倦不堪，但休息過了一會兒，牠們又回到海面上，因爲牠們已經決定：「一定要盡全力把水吸光，才能救回同伴啊！」

然而，不管牠們怎麼吸，海水的高度卻一點也沒有改變，至於雄烏鴉，一想起雌烏鴉的身影，不禁悲從中來，恨不得也隨妻子死去。

正當牠們悲嘆不已的時候，佛陀幻化爲恐怖的海神，出現在牠們面前，那恐怖的模樣立即嚇退了所有烏鴉，不過，烏鴉們都能安然地離開海面上。

佛陀會這麼做是因爲，牠們的救援行動是不會有結果的，即使牠們付出再多，最後不過是陪葬而已。

你也像故事中的烏鴉們一樣，遇到事情只會用慌張的情緒來處理，還是習慣在漫無目的的行動中一再犧牲？

看著烏鴉們在海面上無助地載浮載沉時，你是否也看見了，原來自己也曾因爲處事不夠冷靜，因爲做事太過衝動，而讓成功的良機一再錯過？

如果不想錯過成功的機會，那麼，當面對問題或遇到困難時，就要先把情緒冷靜下來，這個故事不就給了我們一個絕佳的教導：「冷靜再冷靜，是面對問題時的應有態度。因為，那是唯一能讓你解決問題的方法，也是讓你不再做無謂犧牲的唯一保障。」

別對不起眼的事物視若無睹

摧毀一個龐然大物的，或許不是什麼致命的陷阱，而只是一顆不起眼的、毫無攻擊力的鵝卵石而已。

人們經常有的一個錯誤迷思，就是相信「唯有強大的力量，才能摧毀一個強大的東西」，因而對細小的事物視若無睹。

然而，摧毀一個龐然大物的，或許不是什麼致命的陷阱，而只是一顆不起眼的、毫無攻擊力的鵝卵石而已。

動物學家萊克斯曾經在西伯利亞拍攝了一部令人難忘的紀錄片。

鏡頭前，一隻長頸鹿因爲口渴，正準備到一條小溪邊去喝水。小溪裡的水很淺，還淹不到長頸鹿的腳踝，動物學家見狀，便在一旁架好了攝影機，準備拍下長頸鹿喝水的畫面。

然而，就在長頸鹿剛剛走進小溪，準備伸長脖子喝水時，突然間，牠的腳一滑，龐大的軀體猛然墜倒在小溪裡。

原來，是因爲牠的前腳不小心踩到了一顆鵝卵石，鵝卵石上長了一層滑滑的青苔，長頸鹿一時沒有踩穩，就這麼硬生生地摔倒在溪裡了。

經過這麼重重一摔，倒臥在小溪裡的長頸鹿無論耗費多大的力氣都沒有辦法爬起來。因爲牠的腿太細太長，而身體又過於沉重，再加上一條長長的頸，實在沒有一個著力點可以讓牠把身體撐起來。

儘管在一旁觀看的動物學家十分爲牠著急，但是憑他一個人的力量，根本沒有辦法移動長頸鹿半分，而在荒茫的西伯利亞大草原上，他也和長頸鹿一樣孤立無援，找不到另外一個同類可以幫忙。

因此，他只能眼睜睜地看著長頸鹿用盡最後一點力氣掙扎，然後絕望地垂下頭去，淹死在淺淺的溪水當中。

一顆小小的鵝卵石，竟然就這麼奪走了一個龐大鮮活的生命，這究竟是上天的旨意，還是生命所帶給人的啓示呢？

這部紀錄片提醒我們，在我們生活周遭，最需要防備的，也或許不是那些明目張膽的小人、惡行惡狀的壞人，而是那些看似無害、看似文弱、看似高風亮節的「好人」。

無論做人或做事，多一分防備，就能多一分保障。或許我們不需要把每一個人都當成心懷不軌的壞人來防範，但是我們一定要相信，某些乍看之下不起眼的小事物也可以具備極大的破壞力。

智謀經典

53

善良的你，應該有點心計

作　　者　金澤南
社　　長　陳維都
藝術總監　黃聖文
編輯總監　王郡凌
出 版 者　普天出版家族有限公司
新北市汐止區忠二街 6 巷 15 號
TEL / (02) 26435033 (代表號)
FAX / (02) 26486465
E-mail：asia.books@msa.hinet.net
http://www.popu.com.tw/
郵政劃撥 19091443 陳維都帳戶
總 經 銷　旭昇圖書有限公司
新北市中和區中山路二段 352 號 2F
TEL / (02) 22451480 (代表號)
FAX / (02) 22451479
E-mail：s1686688@ms31.hinet.net
法律顧問　西華律師事務所・黃憲男律師
電腦排版　巨新電腦排版有限公司
印製裝訂　久裕印刷事業有限公司
出 版 日　2022 (民 111) 年 6 月第 1 版
ISBN◉978-986-389-825-2　　　條碼 9789863898252

國家圖書館出版品預行編目資料

善良的你，應該有點心計／
金澤南著.—第 1 版.—：新北市,普天出版
民 111.6 面；公分. - (智謀經典；53)
ISBN◉978-986-389-825-2 (平裝)

普 天 之 下 ・ 盡 是 好 書
普天出版家族
Popular Press Family
凌雲文創
A-Plus Creative Company